おもしろサイエンス

天変地異の科学

西川有司［著］

B&Tブックス
日刊工業新聞社

まえがき

２０１１年3月11日の東日本大震災は、まさしく天変地異の出来事でした。自然現象による地震、津波からの大災害に人為的な原因も加わった福島原発事故は大地震とともに東日本の景色を一変させました。そして人々の生活や経済に未曾有ともいえる大打撃を与えたのです。５年たった２０１６年、復旧に向かってはいるもののまだ具体的見通しはたっていません。

天変地異は巨大災害を引き起こします。科学が発達する以前は、「神の仕業」などと宗教が関係していましたが、コペルニクス以降、科学の発達とともに天変地異の原因は明らかになってきています。

私たちが生きる地球は宇宙のシステムの中で動いています。その動きの中で火山が噴火し、地震が起こり、津波が発生し、洪水に見舞われ、宇宙からの惑星が衝突し、時に天変地異といえる多大な犠牲者を生み生活の場が破壊されます。時計は歯車が動いて針が時を刻むように、地球の中心にある５５００℃という超高温のコア（核）が動力源となり、地球のシステムが動くのです。この熱を放出するために短針に相当する動きがマントル対流で、長針が大陸移動、秒針が火山の噴火と、考えられるような動きです。地球は太陽を回り、宇宙に出ていく熱と、太陽からの熱で気流が生まれ、気候がつくられ、海流を生み出しています。

天変地異は、この地球システムを狂わし、破綻させますが、再生しながら熱の放出を続けなんとか正常に動いています。しかし、人間生活は地球システムに噛み合わず、独自に文明を発達させ、人類自ら天変地異を引き起こし始めました。70億人の人類が環境を悪化させているのです。

本書は天変地異とは何か、地球の動きとどのように関係するのか、という根本的なことをはじめとし、地球の熱の放出、マントルとの関係、火山噴火、隕石衝突などを網羅し、プレートテクトニクスの役割、大変動期にある日本についてわかりやすく説明しました。また宇宙の中の地球や地球の動きを踏まえ大局的、多角的な視点から「天変地異がなぜ起こるか」を科学としてとらえ、〝生きている地球〟を描きました。

46億年という気の遠くなるような地球の歴史の中で、地球の動きとともにシステムが崩れ、天変地異が引き起こされます。システムが回復しても再び火山が噴火し、地震が起こり、津波が発生し、繰り返す大災害によって、私たちの生活も破壊され、再生を繰り返してきました。さらに、産業革命以降の人的行為が地球システムに大きな影響を与えるようになってきています。

天変地異は「いつ」「どこで」起こるか、科学的研究は進んでいますが、残念ながら予知の能力はまだ十分ではありません。2016年4月に起こった熊本地震も予知はできませんでした。天変地異および身近に起こる自然災害への原因は地球システムと深くかかわります。温暖化による異常気象など地球システムに逆行する人類の営みが、天変地異にもつながりかねない状況となっています。

地球システムも天変地異もまだまだわからないことがたくさんあります。本書を通して科学的な眼で天変地異を理解していただければ、筆者の望外の喜びです。

日刊工業新聞社藤井浩氏には執筆の機会を与えてくださり、執筆編集のご指導をいただき、深く感謝を申し上げます。

2016年5月

西川有司

おもしろサイエンス
天変地異の科学

目次

第1章 天変地異にさらされる地球の謎

第2章 巨大災害と地球システムとの関係

第3章 地球のいろいろな動きから天変地異を探る

第4章 地震、津波とマントル循環システム

第5章 地球温暖化が炭素循環システムを破綻させる

第6章 大爆発——破局噴火と火山活動

第7章 天変地異からいかに自分を守るのか

Column

第1章

天変地異にさらされる地球の謎

1 天変地異にさらされる地球

「天変地異」とは、地球に起こる自然の大災害、大変動のことです。神話や聖書、伝承にノアの洪水やアトランチス大陸の消失など天変地異が語られています。これらの書物には、大地震や津波、火山爆発などによって一夜にして大陸が大西洋に沈み込んでいった、というような世界が大きく変わった出来事が書かれていますが、いずれも科学的根拠に乏しく、信憑性に欠けるため、おとぎ話の世界に留まっています。

「天変」とは異常気象や宇宙からもたらされる異変災害で「地異」とは、地震・津波・火山の噴火など地上で発生する異変災害で、これらを合わせて「天変地異」と呼んでいます。突然に訪れる異常事態で、異常気象に伴う集中豪雨や旱魃、台風、隕石の衝突、火山の巨大噴火、巨大地震、津波などによって引き起こされ、社会や生活が破壊されます。

今では、これらの天変地異は、科学によってその引き起こされる原因や予測方法が研究されています。したがって聖書や伝承とは異なり、事実を踏まえての天変地異の解明が行われているのです。

天変地異が怖いのは、いつ起こるかわからないことです。２０１１年3月11日の東日本大地震はまさに天変地異です。巨大地震、巨大津波によって東北日本は破壊されました。加えて福島の原子力発電所の事故も広範囲にわたって爪痕を残しました。

巨大地震が起これば、巨大津波が発生し、山体崩

天変地異

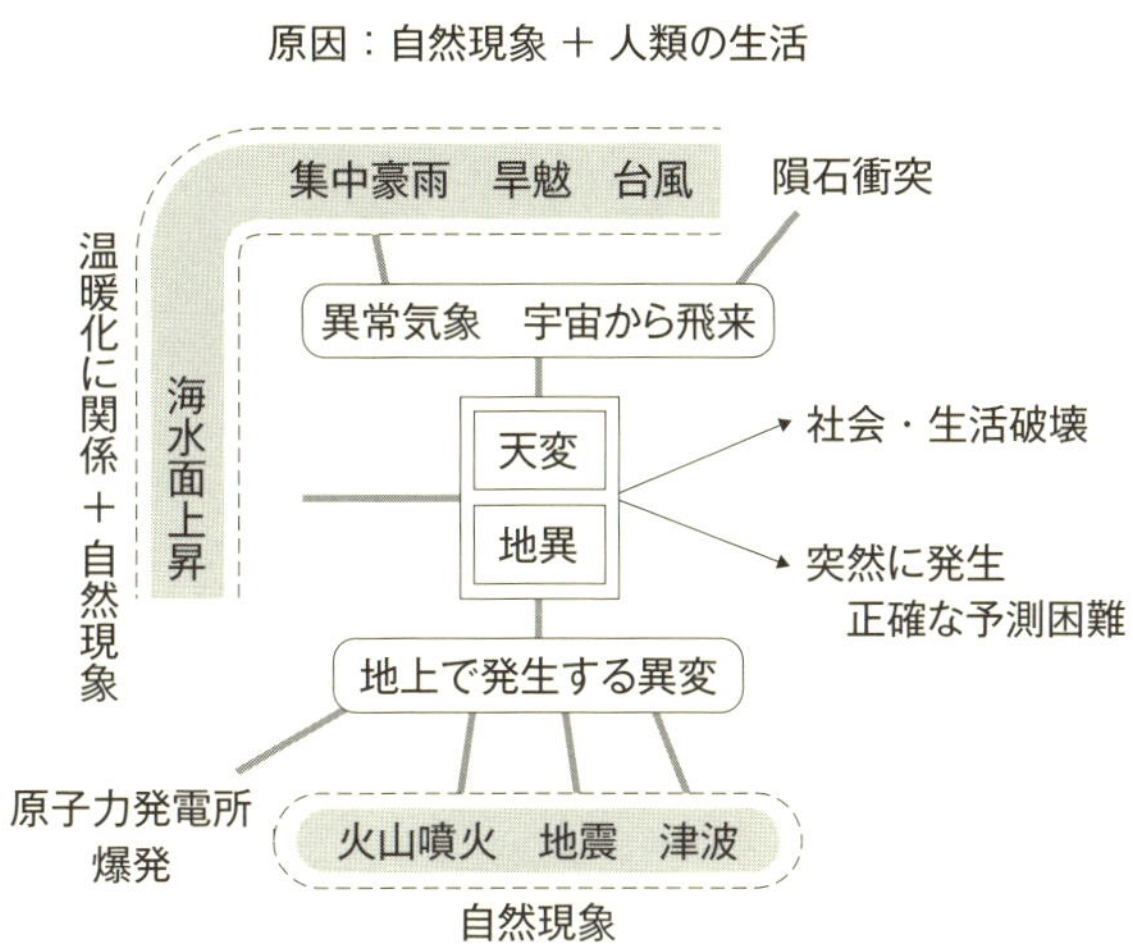

壊、山崩れなども連続して起こり、災害が連鎖していきます。巨大火山爆発でも同様で、地震、津波、異常気象と災害が続きます。玉突き衝突のような災害の連鎖です。

　自然現象からの災害に加え、私たちの社会生活から排出される二酸化炭素が要因となる地球温暖化も天変地異に深くかかわります。原子力発電も福島の事故のようになれば天地異変にもなりかねません。人間自身が原因をつくったことによる異変ともいえます。

　このように天変地異は人類生活を脅かし、人はいつも「何か起こるかもしれない」と心配しながら、生活を営んでいます。「災難は忘れたころにやってくる」といいますが、日本列島を壊滅、世界が破壊、人類滅亡、という事態も考えられます。

　地球は天変地異に曝されていますが、精度の高い予測は、現在の科学ではまだ困難です。

2 天変地異を知るためにまずは地球をよく理解しよう

地球はほぼ丸く、球体で鉄と岩石の塊と水からなり、太陽系に属しています。我々は自分たちの生活を取り巻く環境を知ろうと古来より、この地球を研究してきました。すでに紀元前230年前には地球の大きさや重さが測定されています。そしてこの数値は近代科学の測定結果と大差ありません。

また地球が丸いことは、紀元前から指摘されていましたが、1522年大航海時代のポルトガルの探検家マゼランの世界一周によって証明されました。

またコペルニクス（1473〜1543年）の「地動説」やケプラー（1571〜1630年）の惑星の運動に関す「ケプラーの法則」によって客観的に惑星の1つと認識された地球が太陽の周りをまわっていることが理論的に解き明かされました。

地球の重さの測定は、ニュートン（1642〜1727年）の「万有引力の法則」が基礎となっています。質量のわかった物体と地球との間の万有引力の大きさを測り計算されます。地球の重さ（質量）は5・97×10^{24}キログラムで0が24個並びます。これは6000000000兆トン（0が9個）ですが、大きすぎて実感がわきません。月の80個分で太陽と比較すると30分の1という重さです。また平均密度5514キログラム／立方メートルで、水1トンの5・5倍の重さになり、鉄（7・85トン／立方メートル）と花崗岩（2・75トン／立方メートル）の間の密度です。

地球の全周は４万キロメートルで、半径は６３７１キロメートル、総面積５１０×10^6平方キロメートルです。71％が海で３６８×10^6平方キロメートル、陸地は29％で１４７×10^6平方キロメートルです。海に覆われた地球ともいえます。また気体の大気が地球を取り囲んでいます。大気はほぼ80％が窒素、20％が酸素です。このような酸素の含有は太陽系惑星では地球だけの特徴です。

地球は多少扁平で歪んだ姿で、地軸という北極点と南極点とを結ぶ直線に対し23・４度斜めに傾いており、自転し、太陽の周りを公転しています。地球の年齢は46億年です。唯一生物（生命体）の確認されている天体で、多様な生物が生存しています。

地球内部は、地表面から10キロメートルほどの深さはボーリングで把握されていますが、さらに内部は地震波で分析されていることどまっています。地球の歴史も内部構造もわからないことだらけです。

地球の特徴

項目	測定値
形	楕円（ほぼ球体）
重さ	6000000000 兆トン
	太陽の 1/30, 月の 80 倍
密度	5.5 トン /㎥
総面積	510 × 10^6㎢
	71%海、29%陸
全周	4 万 km
半径	6371km
大気	80%窒素、20%酸素
年令	46 億年

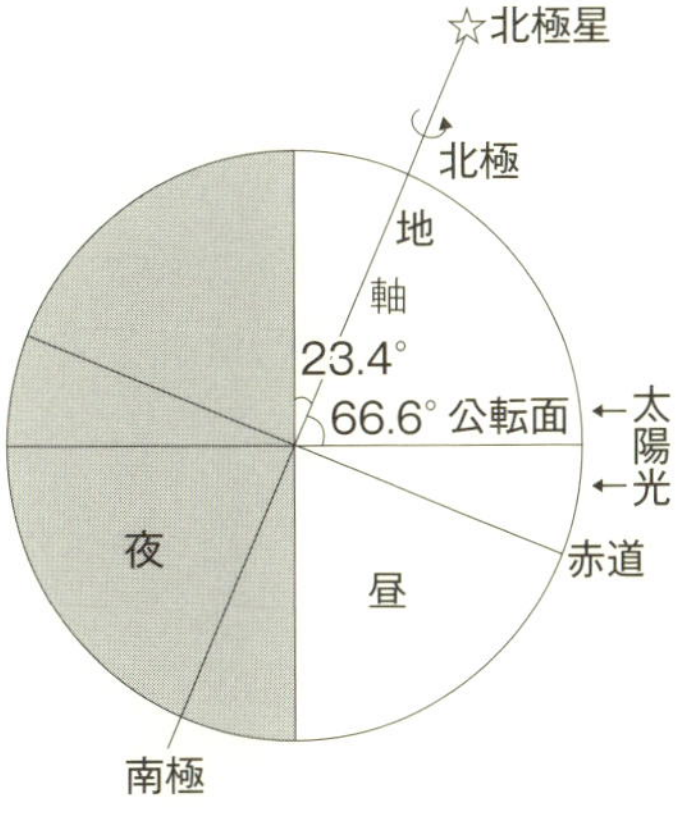

地軸：公転面の垂直からの角度

3 宇宙という壮大なシステムの中で動いている地球

地球は惑星で、水星、金星、火星、木星、土星、天王星、海王星、冥王星とともに太陽の周りをまわり、準惑星、小惑星、彗星とともに太陽系を構成しています。私たちにとって身近に感じる宇宙はこの太陽系でしょう。

銀河系は太陽系を含み恒星や星間ガスなど集まった直径10万光年ほどの大きさ天の川銀河です。天の川銀河はすでに紀元前400年頃にはその存在がわかっていました。

天の川銀河系の中には太陽のように自ら光を発し、ガス体の天体である恒星がたくさん存在し、これが2000～4000億個あるともいわれています。恒星が集まり星団をつくり、星団が集まって銀河となりますが、銀河のなかの恒星の数は、1000万から100兆個に達するほどです

銀河系は誕生してから137億年が経過し、宇宙望遠鏡（宇宙空間に打ち上げられた天体望遠鏡）によって知識は広がってきています。ハッブル宇宙望遠鏡によって銀河系に広く存在するのでは、という暗黒物質というダークマターの存在が想定されていますが、ニュートリノは暗黒物質の候補の一つです。

また銀河の中心部にブラックホールがあるという理論が、宇宙望遠鏡の観測結果によって裏付けられました。日本でもX線天文衛星「すざく」や赤外線天文衛星「あかり」などによって恒星周辺のガス分

銀河系の構造

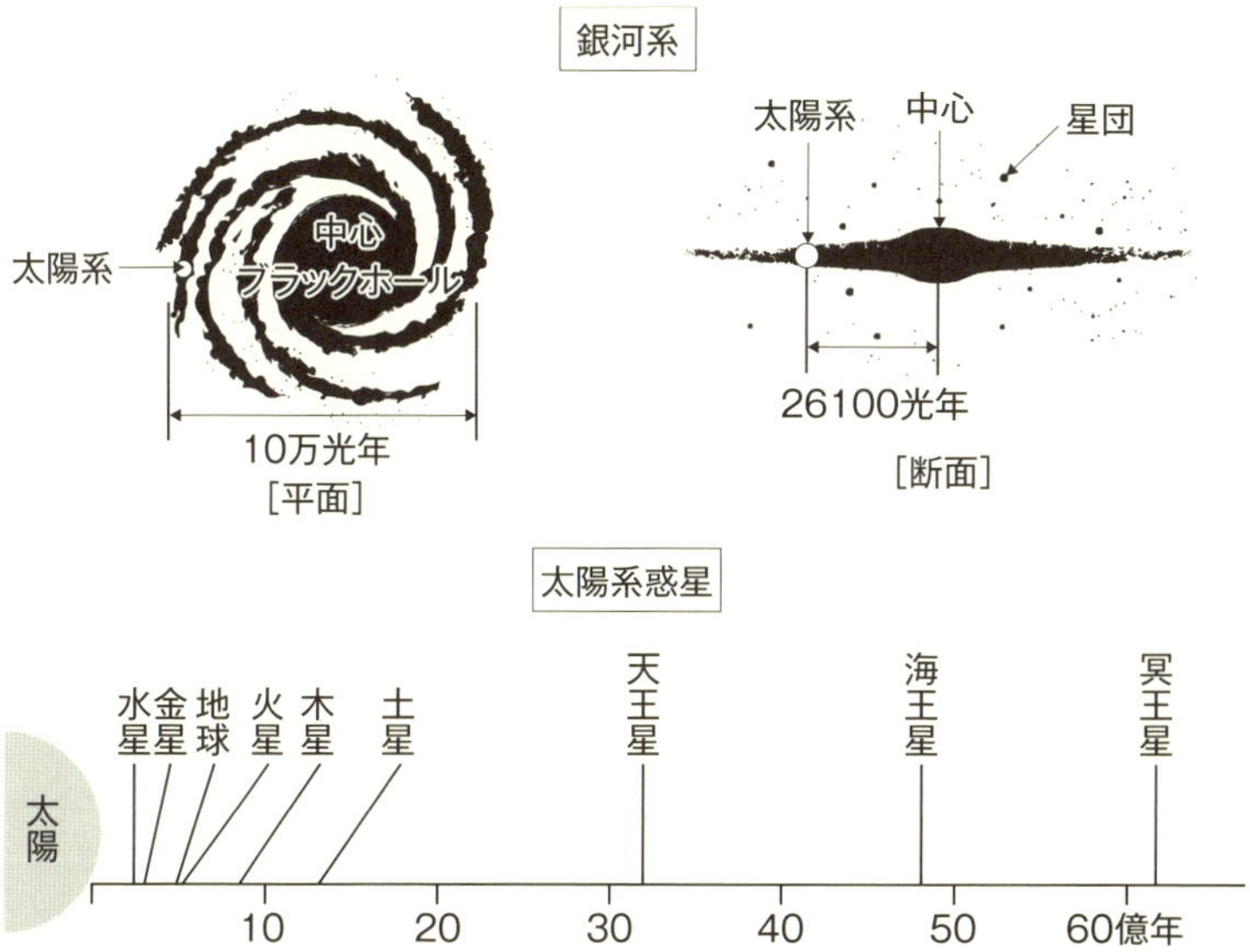

布や暗黒星雲の温度分布などを捉えています。またミリ波と呼ばれる電波を観測できる電波望遠鏡によっても宇宙の観測がなされています。野辺山天文台には世界最大の口径の電波望遠鏡があり、天体からのかすかな電波をとらえます。

太陽系が銀河系内の軌道を一周するのに2億5000万年ほどかかります。その軌道の大きさはピンときません。月が地球の周りを動き、地球が太陽の周り、太陽系が銀河系をまわっているとは想像を超える壮大さです。

宇宙の大きさ、宇宙の構成などはほとんどわかっていません。私たちがいる地球は、果てがわからない広大な宇宙の、極わずかな部分にすぎません。地球から見える宇宙は科学によって、少しずつ明らかにされています。岐阜県神岡鉱山の地下1000メートルに素粒子ニュートリノの観測装置スパーカミオカンデがあり、宇宙の解明を目指しています。

4 宇宙の構造と地球の関係

――宇宙と地球の境目

光の速さは秒速約30万キロメートルと超高速です。太陽までの平均距離は約1億5000万キロメートルで太陽が発した光は地球への到達に約8分かかります。月までは約30万キロメートルの距離ですから月の光は1秒で地球にやってきます。しかし多くの天体はとても遠く、光は地球に届くまで何年もかかります。

10万光年の天体であれば10万年前に天体を出た光が今地球に届きますから、今私たちが見ている天体、たとえば天の川の姿は、10万年前のものです。

地球と宇宙の境は厳密ではありません。曖昧です。便宜的に地表から概ね500キロメートル以下を地球大気圏としていますが、国際航空連盟では、高度100キロメートルを宇宙空間と地球との境界線カーマン・ラインとして設定しています。100キロメートル以下が地球の大気圏で、その上空を宇宙と呼んでいます。NASAも100キロメートルを境界にしています。この境界付近から無重力空間となります。

大気圏は地球を取り囲む気体です。気体からなる大気は天体の重力によって引きつけられており、太陽系の惑星では、水星と冥王星以外には大気圏があります。

地球の表面は下から対流圏、成層圏、中間圏、熱圏で構成されています。対流圏は、地上から高度とともに気温が低下し、気象現象が起こります。成層

宇宙と地球との境界

宇宙		外気圏				NASAの基準
大気圏※	800km 100km	熱圏	↑外圏底 高度上昇→気温上昇 一部2000℃ 大気の密度小さい 90～130km オーロラ カーマン・ライン	気圧　密度	無重力↑	宇宙
	85km	中間圏	－80℃～－90℃ 高度上昇→気温低下	低下　低下		大気圏※
	50km	成層圏	↑成層圏境界 高度上昇→気温低下 オゾン層			
	20km 0km	対流	↑対流圏境界 高度上昇→気温低下 気象現象		水蒸気	

※大気圏は大気が全くなくなるところまで。厳密な境界ではない。NASAは地上から100kmのカーマン・ラインを宇宙と大気圏の境界としている

圏には、オゾン層が存在します。中間圏は、高度につれて気温が下がり、最上部の高度80キロメートル付近では氷点下80～90℃になります。その上から800キロメートルまでが熱圏で、高度とともに気温が上昇し、2000℃の高温に達する空間も存在します。

宇宙の始まりはビッグバンと呼ばれる138億年前の大爆発で、膨張して現在のようになったと考えられています（ビッグバン仮説）。宇宙はすべてが圧縮され高密度で超高温度だったとされています。

星雲は宇宙空間にまとまって漂う宇宙塵や星間ガスからなり、銀河の集団は、銀河群、銀河団を構成しています。天の川銀河は銀河の中心から伸びた4本の渦状腕が存在すると考えられている渦状の構造です。宇宙は人間のスケールでは考えられないとてつもなく広い空間です。

5 地球は表面も内部も秩序をもって動いているのだ

宇宙に浮かぶ地球は、毎日回転する自転、1年で太陽を1周する公転によって動き続けています。地球の表層の対流圏でも大気が動き、対流し、気候が常に変化し、風が起こり、気温が上下しています。海洋も地球の自転、気候などの影響を受け表層の海流ばかりでなく深層と表層と対流し、海底でも底層流が動いています。

また地球内部のマントルは対流し、大陸が動き、集合し離散し、溶岩を噴出し、絶えず動いています。大洋の海底でできた地層は陸に向かって動き、大陸の下に沈み込みながら、マグマを生み出し、溶岩となって岩石の塊を動かし、突き破り地上に吹き出し、火山となります。海からの地層が大陸を押し曲げ、割れるなど限界を超えれば、地震が生じ、断層ができて大地が揺れ、海の動きが異常になり、津波となります。地層となったかたい岩石も曲がるなど常に動いています。

地層や岩石も陸上で削られ、石や砂となって川や海に運ばれ、再び地層となるなど動いています。海水面も月などの引力によって潮汐流が起こり、上下に動いています。

このように地球は全体も表面も内部も動き、まさに〝動く地球〟なのです。地球は、地圏、水圏、気圏と3つのゾーンに大きく分かれていますが、それぞれを構成している物質は動き循環しています。また地圏を構成する物質は気圏、水圏あるいは水圏、

地球の動き

地球の動き		自転（毎日）、公転（１年で１周）
	気園	対流、風、気象変化、気候変化
	水園	潮流、対流、底層流、潮汐流、津波
	地園	大陸移動、火山噴火、マントル対流、地震

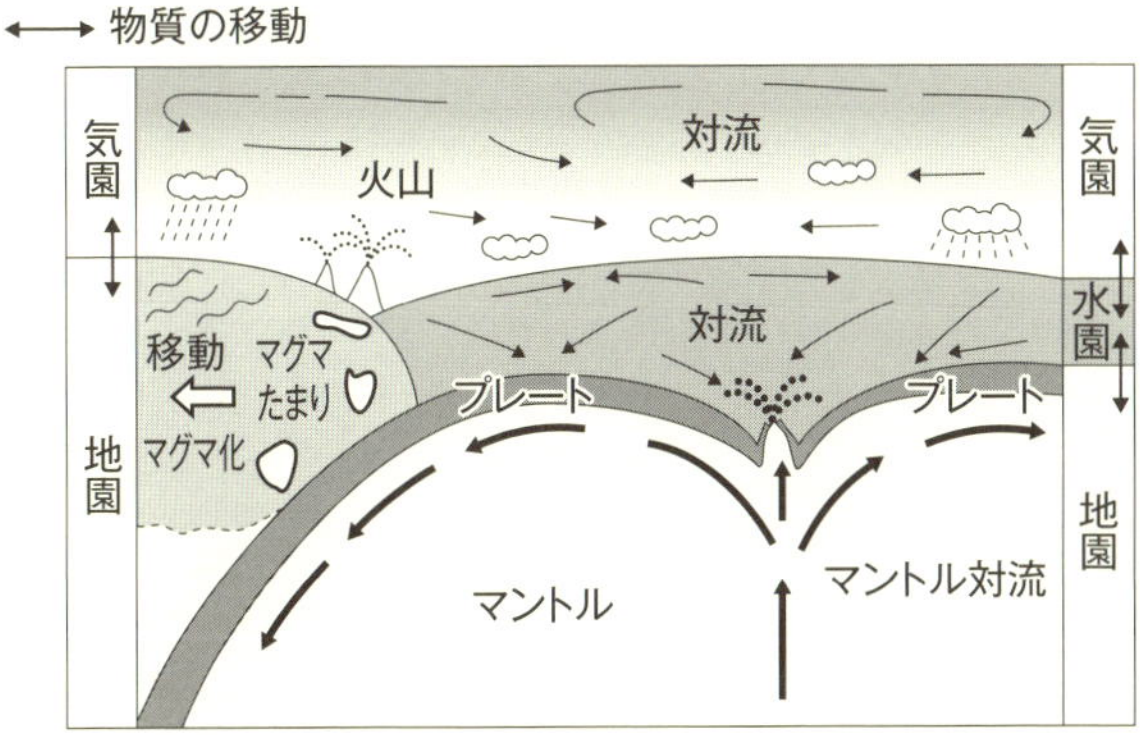

気圏から地圏へとその動きは縦横無尽です。しかし、秩序をもって動きます。

時計は長針、短針、秒針から構成されています。秒針はその動きがよく見えますが、長針になるとその動きはゆっくりしていますので、動いている姿はよく見えません。地球の動きも雲などでは刻一刻の動きを追えますが、季節の動きになると、時間がすぎないと見えてきません。地震の動きは大地の揺れとともに伝わってきます。火山の噴火も一瞬一瞬を観察できます。しかし、大陸の動きは、少なくとも数十万年を経過しないと見えません。

地球の自転の動きは太陽の高さから毎日知ることができますし、公転は季節の変化から太陽との位置関係を読むことができます。

地球は〝生きている〟といわれています。様々な動きが絡みながら動いているのです。

6 地球の構造は、地殻、マントル、コアの三層からなる

表面を大気圏に覆われる地球は気圏、水圏、地圏から構成され、地表、海底から地下に地殻、マントル、コアの三層構造からなり、表層部では海洋が分布します。

地球は回転楕円体ですから、半径は赤道で6378キロメートル、極で6357キロメートルです。地球の半径は東京からハワイまで直距離6500キロメートルとほぼ同じぐらいです。

地表部の地殻は大陸地殻が30～60キロメートルの厚さの花崗岩質岩体、玄武岩、堆積岩地層からなり、海洋地殻は6キロメートルの厚さの玄武岩、堆積岩地層からなります。地殻の下にはマントルが存在し、上部マントルはかんらん岩で厚さ400キロメートル、下部マントルはより緻密な岩石からなり2300キロメートルの厚さです。コアは外核が鉄とニッケルの液体金属で、内核は鉄とニッケルの固体からなります。また地球表面では地核と上部マントルの最上部を合わせた岩石からなるプレートで構成され、地球表面では10数枚のプレートがマントルの対流によって移動しています。プレートは、海底山脈の海嶺でマントルが上昇し、常に生成され、移動して大陸地殻の下に潜り込んでいきます。

地殻は地球の質量の1％以下で、マントルは68％を占めています。リンゴにたとえると地殻はリンゴの皮に相当する厚さです。地球の内部構造は、表層部で、実際に地層・岩石、火山の噴出物などで観察

地球の構造

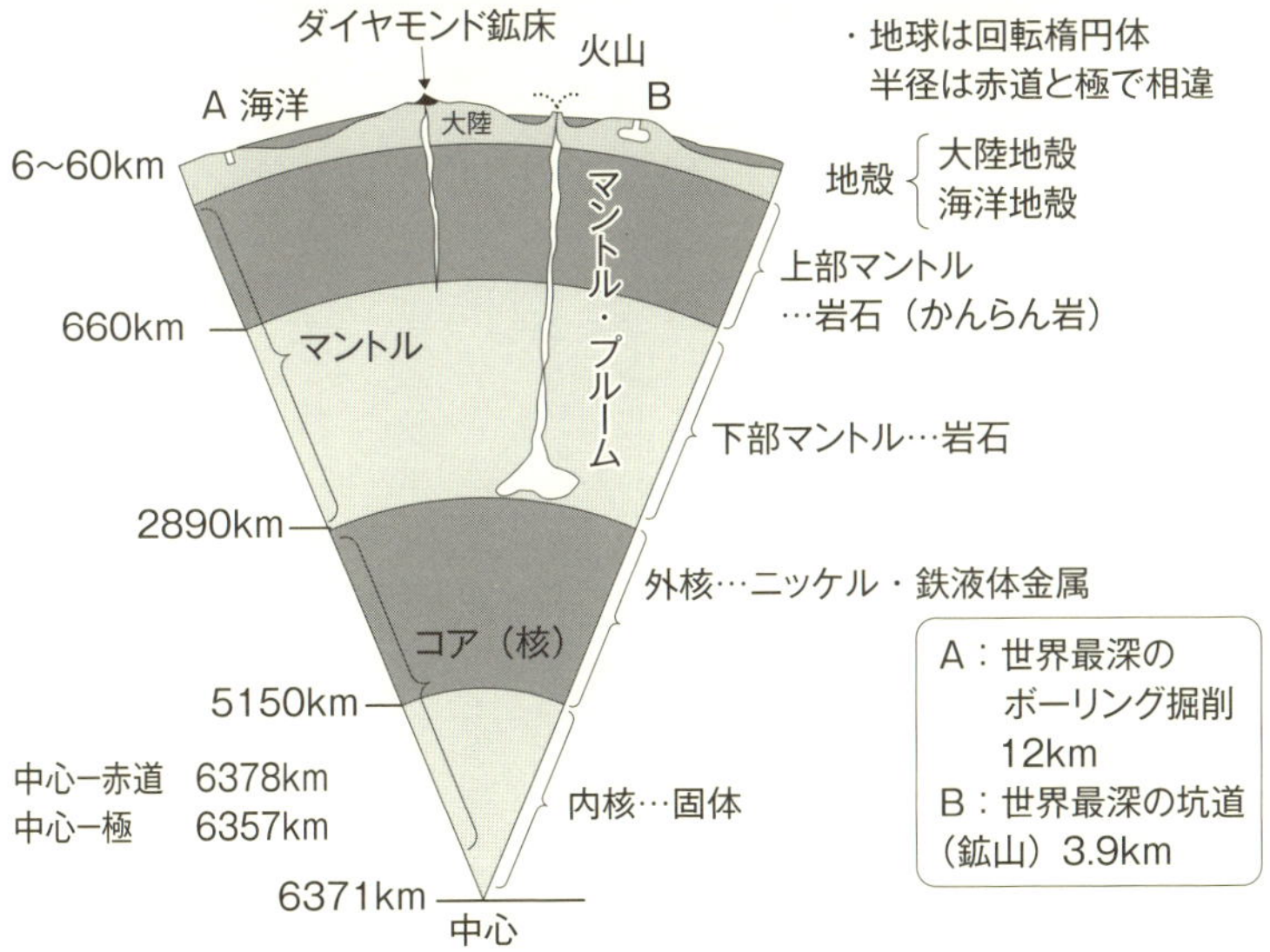

できますが、深部は見ることができません。地球内部は、人工地震によって物質や硬さによって伝わっていく地震波の速度の相違で推定します。

またボーリングは掘削によって地下の岩石などを実際に地上まで取り出しますが、ソビエト連邦時代、コラ半島で１９７０年に地下深部を調べるボーリング掘削を20年間行い、１万２２６２メートルまで掘削しました。これが世界最深の深度です。なお、世界で人類が到達した最深の場所は地下３９００メートルで南アフリカ・ムポネン金鉱山の60℃の暑さの坑道です。ほかにはマントルから地上に上昇してきた岩石の研究が地球内部を知る手がかりとなります。マントルプルームといい、最下部マントルから流動化したマントルが地上に上昇してきます。ダイヤモンドもマントルから地表に到達し噴出したものです。このような研究により地球の内部を探り地球の構造を組み立てています。

7 地球・宇宙の研究からおこる大転回
——天動説から地動説へ

天変地異の原因を解明するためには、科学が発達していかなければなりません。ここまで宇宙について述べてきましたが、宇宙観、地球観の転換によって科学が前進し、いろいろなものの見方への精度を増してきました。

15世紀の大航海時代に入り、広い大洋における船の位置を知るため、天文学がいっそうさかんになり、観測技術が進歩しました。クラウディオス・プトレマイオスの天動説では惑星の位置が説明できませんでした。地球中心の天動説に対して、「太陽を中心に地球が動いている」という地動説『天体の回転について』をニコラウス・コペルニクス（1473〜1543年）が提示しました。

『聖書』とは反対の宇宙観です。「コペルニクス的転回」という宇宙の見方への革命となりました。地球は他の惑星とともに太陽の周りを自転しながら公転しているという学説です。コペルニクスは円運動（円軌道）を考えたため、実際の観測結果と計算結果は一致しませんでした。ヨハネス・ケプラー（1571〜1630年）はこれを修正し、楕円運動を発見しました。ガリレオ・ガリレイ（1564〜1642年）は、実験や観測によって地動説を合理的に説明できる証拠を多く見つけました。またアイザック・ニュートン（1643〜1727年）によって万有引力の法則が発見され、地球が動き続けている理由も明らかにされました。

地動説と天動説

地動説
（コペルニクスの宇宙観）

天動説
（プトレイマイオスの宇宙観）

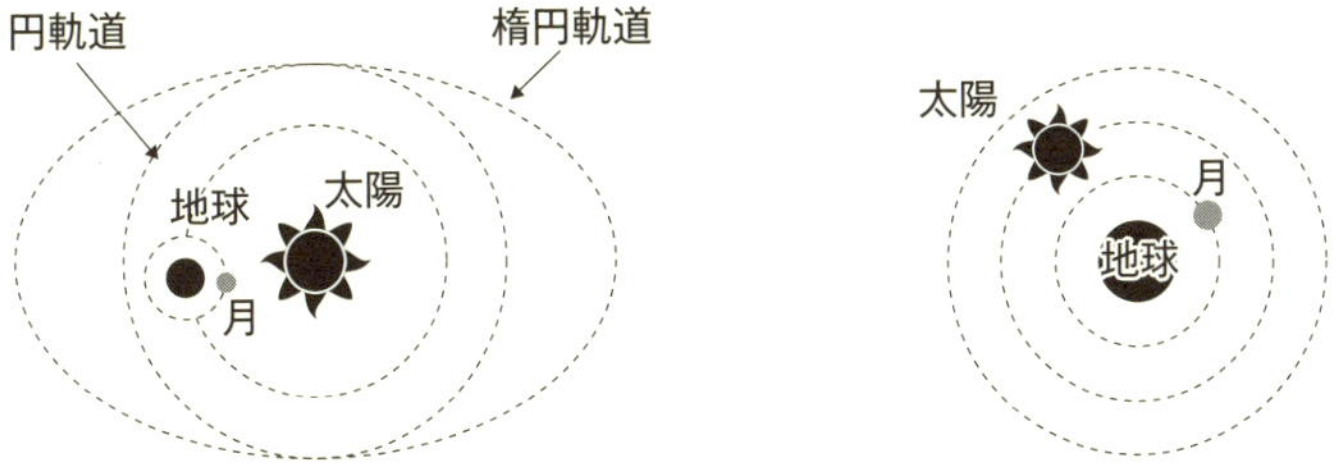

・地球が太陽の周りを円軌道で動く
（コペルニクス）
・楕円軌道で動く（ケプラー）
・慣性の法則（ガリレオ、ニュートン）
・万有引力の法則（ニュートン）

・地球の周りを天体が動く
・地球が宇宙の中心
・カトリック教会公認の学説

地動説は惑星の位置の計算によってもその正しさを証明できる学説となり、科学と宗教の闘争も終息しました。15〜18世紀にわたり自然の観察や実験が重んじられた科学や技術が著しく発達します。その後産業革命の時代から近代化が進んでいき、科学も目覚ましい進歩を遂げていきます。地層についても17〜18世に研究が進み、地層が違えば、出現する化石も違ってくることがわかってきました。

コペルニクスの地動説が科学の契機となり、土台になったからだ、ともいえます。

人類の歴史を振り返ると地震、火山、津波、洪水など天変地異の痕跡は限りなくあります。とくに日本列島は地質的にも活動的な地帯で多くの天変地異を経験しています。宇宙について、地球について、20世紀以後急速にデータが増え、天変地異への知識を蓄積し、その原因が追究されています。

地球の事件史

時	事件
137億年前	宇宙の誕生
180～50億年前	銀河系の形成、太陽系の形成
46億年前	原始地球の形成、地球の誕生
38億年前	生命の誕生
27億年前	シアノバクテリアが大量発生、酸素の増加、鉄縞層生成
20～24億年前	酸素濃度上昇、オゾン層形成、超大陸出現
5億年前	生命の多様（カンブリア爆発）
2億5000万年前	恐竜の出現、生物の大量絶滅
2億年前	パンゲア大陸の分裂（現在の大陸へと移動）
6650万年前	生物の大量絶滅、隕石の落下（環境激変）、恐竜絶滅
6500万年前	インド半島デカン高原が膨大なマグマ噴出で形成
2500万年前	アルプス・ヒマラヤ山脈形成（造山運動）
6万年～9万年前	スマトラ島トバ火山、阿蘇火山活動
5000年前から	人為的環境破壊開始

地球観を切り開いた科学者

科学者名	年	国	発見
ニコラウス・コペルニクス	1473-1543	ポーランド	地動説。地球の円軌道。天体の回転
ヨハネス・ケプラー	1571-1630	ドイツ	ケプラーの法則。楕円軌道
ガリレオ・ガリレイ	1564-1647	イタリア	慣性の法則
アイザック・ニュートン	1693-1727	英	慣性の法則確立。万有引力の法則。
ウィリアム・スミス	1769-1839	英	地層累重の法則
チャールズ・ダーウィン	1809-1882	英	種の起源、珊瑚礁の成立
アルフレッド・ウェゲナー	1880-1930	ドイツ	大陸移動説
アンドリア・モホロビチッチ	1857-1936	オーストリア	モホロビチッチ不連続面（地殻とマントルの境界）
アーサー・ホームズ	1890-1965	英	マントル対流説
テュゾー・ウィルソン	1908-1993	カナダ	プレートテクトニクス理論の確立

第2章

巨大災害と地球システムとの関係

8 巨大災害の発生とシステムの崩壊

天変地異は巨大災害です。予想を上回り、あるいは予期せぬときに発生します。地震や火山噴火は過去の発生や地震計などの設置により、刻一刻と観測が行われ、そのデータの蓄積と解析により、予知がなされています。

多くの巨大災害は、ある日突然起こるわけではありません。地震計は全国に４０００以上設置され、火山の周囲にも密度を高めて観測網が張りめぐらされ、ガスの化学成分も分析され変化を把握しています。そのため火山の大噴火の前兆を掴み、緊急火山情報が発表されるようになってきています。地震の発生も同様に予測がなされ、津波も地震の発生によって震源と地震の原因、規模によって津波の大きさやその到達時間がわかるようになってきています。

気象予測も数キロメートル単位のモデル化を行い、膨大な気象データをスーパーコンピュータで処理し、気象予測の精度が増してきています。台風の発生もその動きや規模への予測がなされてきています。異常気象も同様です。しかし、相変わらず大災害は起こり、危険の除去はまだできない、という現状です。つまり、予想や予測への時間的な精度については、十分とはいえないのです。

巨大災害は安定したシステムの破壊です。バランスが崩れることです。システムの回復が可能な範囲では災害の規模も想定の範囲ですが、システムが崩壊するような天変地異は巨大災害に結びつき、頻繁な現象ではないため予測が困難です。

地質時代は天変地異によって環境が大きく変動し、世界が大きく変わるような事件がたくさん起きています。6500万年前に直径10キロメートルの小惑星がメキシコのユカタン半島に衝突し、地球上の恐竜が絶滅したとされています。直径約160キロメートルのクレーターです。まだ仮説ですが、地球環境の突然の変化は、化石の種類の激変、地層中の多量のイリジウムの含有、隕石跡の地磁気異常、重力異常などによって説明されています。

小惑星の衝突や隕石の落下で大地が大きく揺れ、へこみ、森林火災、津波が発生します。衝撃・衝突で大気中に放出された粉塵が空を覆い、生態系が破壊され、広範囲に植物が潰され、光合成も長期間停止し、その範囲が波及し、大気も大きく変化し、食物連鎖のベースとなる光合成植物プランクトンが死滅するなど生態系システム、気候システムが崩壊し破滅的な被害をもたらします。

1908年シベリアに落下した隕石は直径60メートルでしたが、被害の範囲は2000平方キロメートル、広島原爆の1000倍の衝突エネルギーだったといわれています。

火星と木星の間には、直径1キロメートル以上の小惑星が70万個以上あります。この中で、1000個ほどが、地球に接近する可能性があります。確率は低いものの2029年に、直径400メートルの小惑星が地球に衝突する可能性があるといわれています。小惑星や隕石の軌道はNASAなどで調査し、衝突の可能性の予測をしています。しかし、時刻や場所の特定には至っていません。

巨大火山爆発も小惑星の落下と同様にシステムを崩壊させます。これらによる災害の復旧には長期間かかるか、壊滅すれば放置しなければなりません。

9 地球のシステムってなんだろう？

地球はシステムをつくっています。コペルニクスは地球の円運動システムを見出し、ケプラーは楕円軌道に修正しました。科学の進歩とともに地球のシステムが解明されるようになってきました。

システムとは個々の要素が関連し、有機的に結びつき、まとまって全体をつくっていることをいいます。複数の構成要素が相互作用し合うことです。

家庭生活もシステムで成り立っています。家庭では電化が行き届いています。停電になれば、家庭を構成している様々な電気器具やセキュリティーの装置などの作動が止まり、システムが中断されます。照明、調理、掃除、空調、冷蔵などの個々の要素が相互に作用しながら家庭というまとまった全体システムが成り立っているわけです。事務所でも電気が途絶えるだけで、仕事ができなくなります。システムとして動いているので、システムの破断は家庭や仕事に多大な影響を与えます。自動車もエンジンとタイヤとハンドルが相互作用して動きますが、一か所でも故障すれば、システムが中断します。

地球の表面は大陸と海洋からなり、それぞれシステムをつくり、それらを覆う大気もシステムをつくっています。大陸移動システム、火山噴火システム、気候システム、海洋システムなど様々なシステムで地球は成り立っており、個々のシステムが相互に作用し合い、全体として地球システムを形成し、さらに宇宙システムに組み込まれているのです。

配電・電化システム

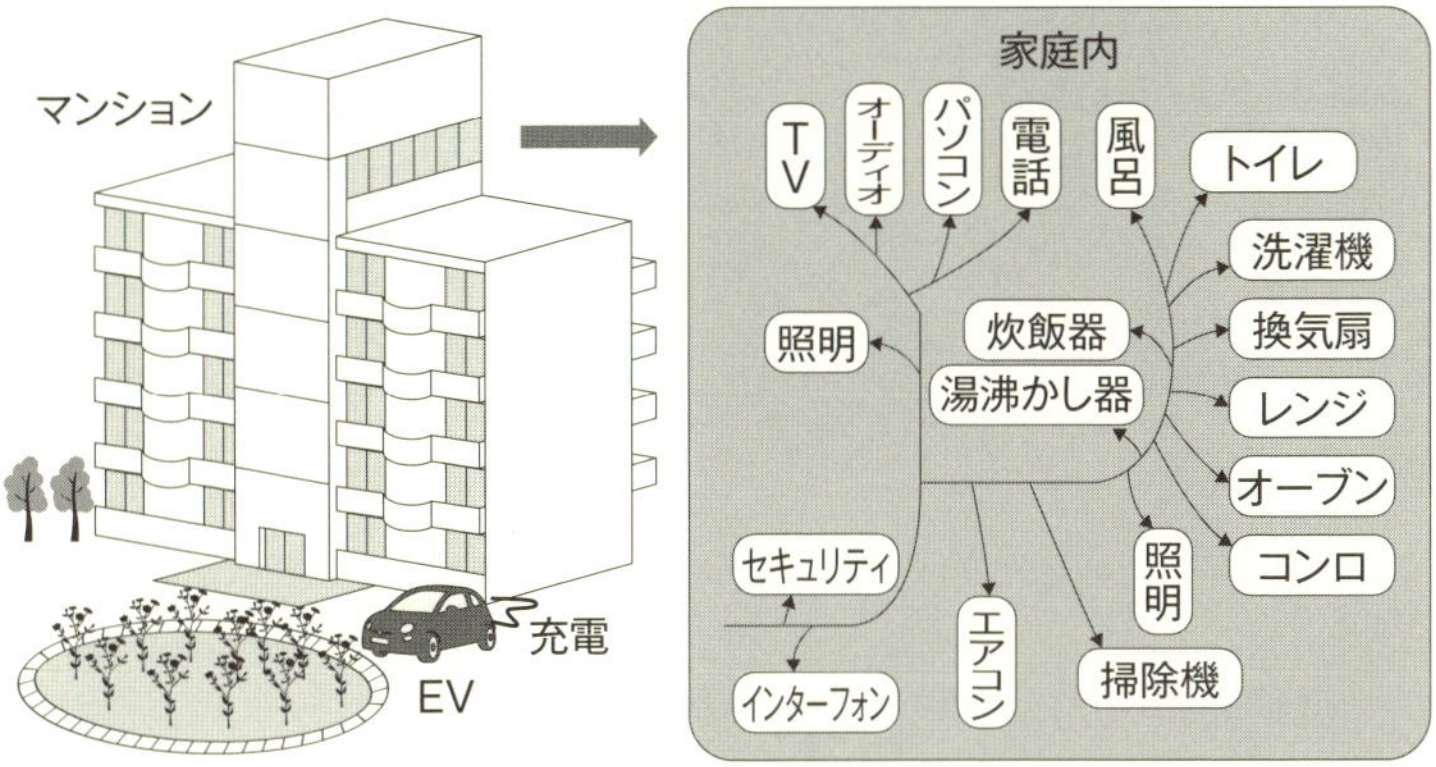

電気がなければ（停電）システムが動かない。

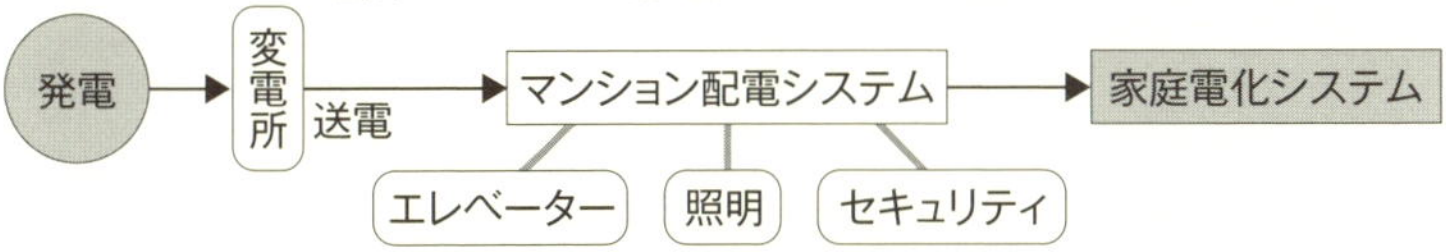

地球システム

気圏	大気循環システム、気候システム
水圏	海洋システム、海水循環システム、水循環システム
地圏	大陸移動システム、火山噴火システム、マントル対流システム、地殻循環システム、熱放出システム

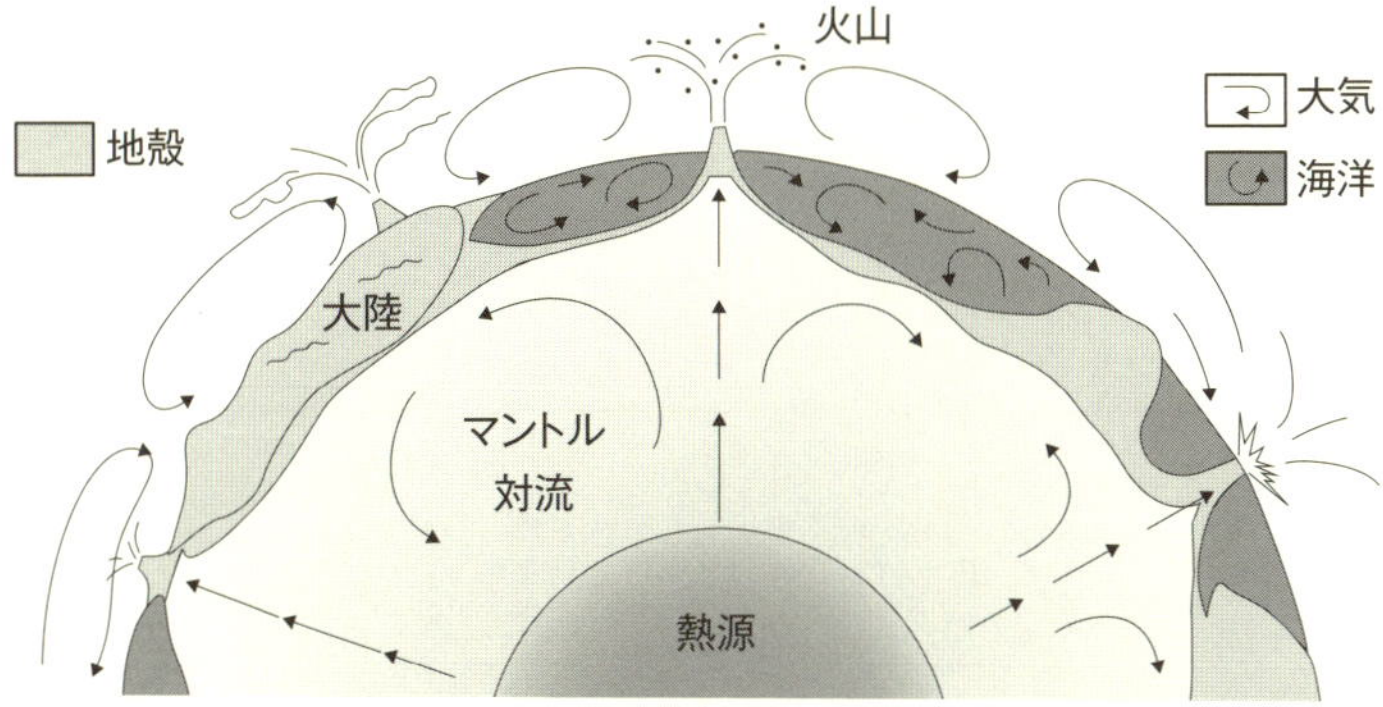

10 地球のシステムに影響を与える人工システム

地球は地殻、海洋や大気などのシステムの集合体です。大気や水の循環、地殻の変動、生態系などの自然における各システムとお互いのシステムが相互作用し合う仕組みを理解していくことが「地球システムの科学」です。

自然のシステムの中に人間活動における経済や社会活動からなる人工システムが築かれ、自然のシステムと相互に作用し、人工システムが自然のシステムに影響を与えています。

温暖化による二酸化炭素の排出による異常気象の発生がその影響の一例です。天変地異は、自然のバランスが崩れ、システムが崩壊し、人工システムへ多大のダメージ（大災害）を与えます。

地球や太陽系の動きを観測するために人工衛星が宇宙で活動し、地球浅部や深部の動きを捉える観測機器が地上や地下の浅いところに設置され、様々な情報が収集されて解析されています。

これらから、地球のシステムを明らかにし、システムが抱える問題や課題を抽出し、検討していきます。また人間社会におけるシステムの自然のシステムへの影響を評価し、解析し、システム相互の均衡がとれるような対策を具体化させます。二酸化炭素の地中処分や化石燃料から自然エネルギーへのシフトもその一つの例です。

地球システムの科学は、広範囲に及ぶ学問の集合です。地質学、構造地質学、火山学、堆積学、岩石

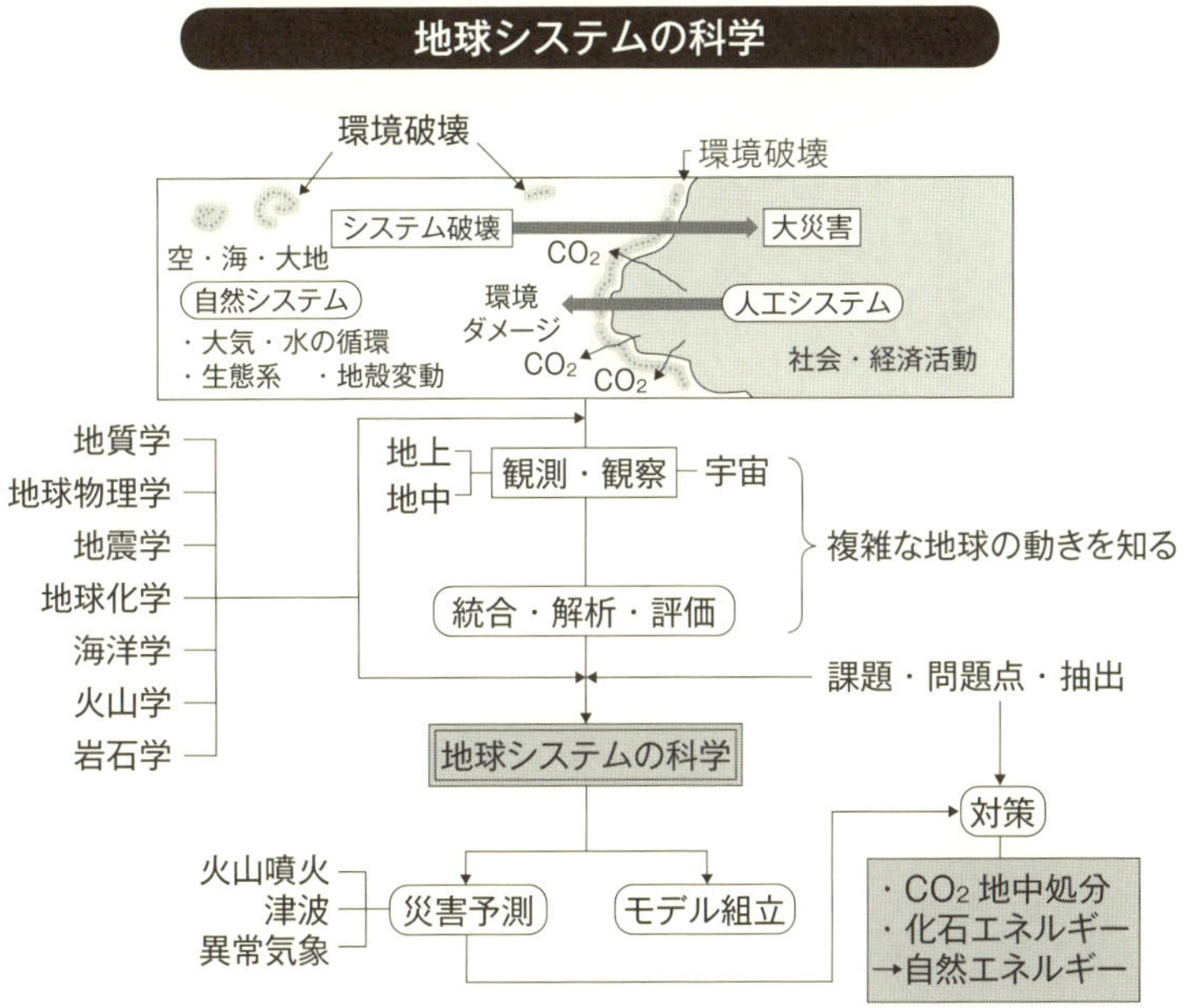

学、地球化学、地質工学、地震学、地史学、層位学、惑星学、天文学、宇宙物理学、惑星物理学、気象学、気候学、環境地質学、海洋学、海洋生物学、海洋化学、海洋物理学など様々な学問と各学問の領域を超えて地球のシステムを構成するそれぞれのシステムを考え、観測を通してシステムが検証され、システムの動きが解明されていきます。

例えば、地質学、火山学、地球物理学、岩石学などをベースに、火山の観察を通し、その噴火システムを築き、観測によりさらにシステムの精度を高め、噴火のモデルを組み立て、噴火の予測につなげていきます。また火山の噴火の仕方への理解を深めていきます。そして災害防止に役立てます。

地球システムの科学は、地球の営みを地殻、海洋や大気というように分解し、各分解された各々の営みに対して観測、観察データを解析し、統合し、複雑な地球の動きを研究していくことです。

11 空、海、大地が一体となり動き、生きている地球

地球は空、海、大地が一体となって動き、重力と慣性力によって空気も大地と一緒に自転し、公転をしています。まさに「生きている地球」です。システムが集合している地球は、大きすぎて、なかなか丸ごとの観測はできません。人類が蓄積してきた地球に関する知識も、断片的な知識です。それらを集めて全体のシステムを組み立てています。

空は空気からなり、太陽の光で大地や海面が温まり、温められた空気は膨張し、軽くなり、上に浮かび、上昇気流が発生します。気圧の高いところから低いところへ風が吹きます。冷たい空気が下に下がります。すなわち低気圧と高気圧の間で空気の流れが起こり、それが風となります。地球上では台風やサイクロンなどの多種多様の風が発生しています。

赤道は一周約4万キロメートルです。空気は慣性の法則に基づき、4万キロメートル／日の速度で回転運動をし、緯度が上がれば、回転の半径が小さくなり、自転速度は小さくなり、極では0になります。このような空気の回転の中で風が動きます。

海水は太陽の熱と風によって動きが生まれます。海流は水平方向の流れで地球の自転、陸地の地形、海底地形などによって流れの方向が定まります。暖流は、低緯度から高緯度へ向けて流れ、寒流は、高緯度から低緯度へ向けて流れます。また、海流は、気候に影響を及ぼします。

潮汐流は海流とは動きが異なり、月や太陽などの

空・海・大地が一体として動く

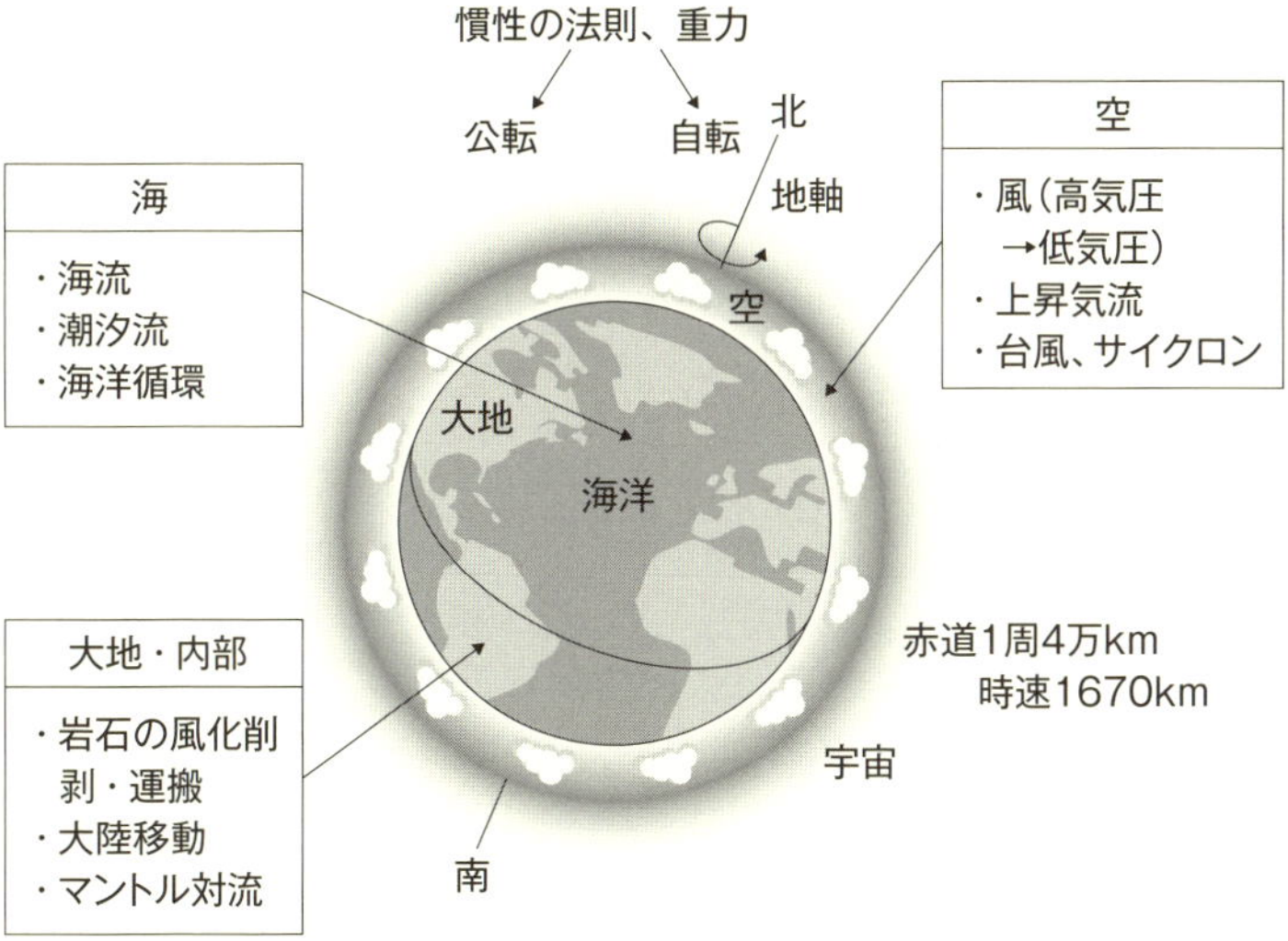

天体の影響で、地球の場所により相違する重力場の強さよって発生する流れです。また地球規模での海水の巡る海洋循環があります。海洋表層の風が引きずる力が原因となって表層循環となる表層流が生じます。深層循環は、温度や塩分の不均一による海水密度の不均一で起こる流れです。

空気は、地層、岩石を風化させ、雨や風によって大地が削られ、細かく砕かれて川や海に移動します。また海に空気が取り込まれ、空気の成分が海の中の物質と反応を起こし、新たな物質が生まれます。海水は蒸発し、雲となって雨を降らします。陸地での雨は地中に入り、海に流れます。

大気を含めた地球という空間の中で、空気は地球と一緒に動き、海は構成している水を循環させています。宇宙と地球との物質の循環はないので、地球は閉じた空間といえます。大地の内部ではマグマを発生させ、マントルが対流を起こしています。

12 地球システムはどうしてできたか

星の大爆発が起こり、水素やヘリウムといったガスやチリが大きな渦となり、渦に集まったこれらの物質が、高温状態で核融合反応を起こして、太陽が生まれました。渦のなかの物質は衝突を繰り返し、岩石と鉄からなる小天体の微惑星となります。引力で直径10キロメートル程度の微惑星が合体し、大きくなって地球などの惑星となりました。

地球は46億年前に誕生しました。衝突と合体によって生まれた衝突エネルギーが熱に変わり、地球の温度は高くなり、マグマが海のように広がった状態で、「火の玉地球」といわれる姿になりました。

地球に降ってきた物質に水が含まれ、ガスとなりました。また二酸化炭素、窒素なども蒸発して、ガスになり、たまっていきながら原始大気となりました。地球表面の温度は下がっていき、水蒸気が雲になり、雨となって降り注ぎ、地表の温度を下げました。風が起き、対流が生じ、雨は繰り返し降り、さらに地表の温度を下げて、水が溜まり、やがて海となっていきました。海は、様々なガス成分、金属成分を含んでいます。それらが反応し、作用しながら化合物もつくります。構成成分のやり取りは海の中の成分ばかりでなく、大気との間の相互作用でも行われます。海の成分の濃度差、自転、公転の影響を受けながら海に海流が発生し、潮汐流がおこってきました。空気も風をつくり地球の動き、海の動きによって様々な風が生まれました。

システムの形成

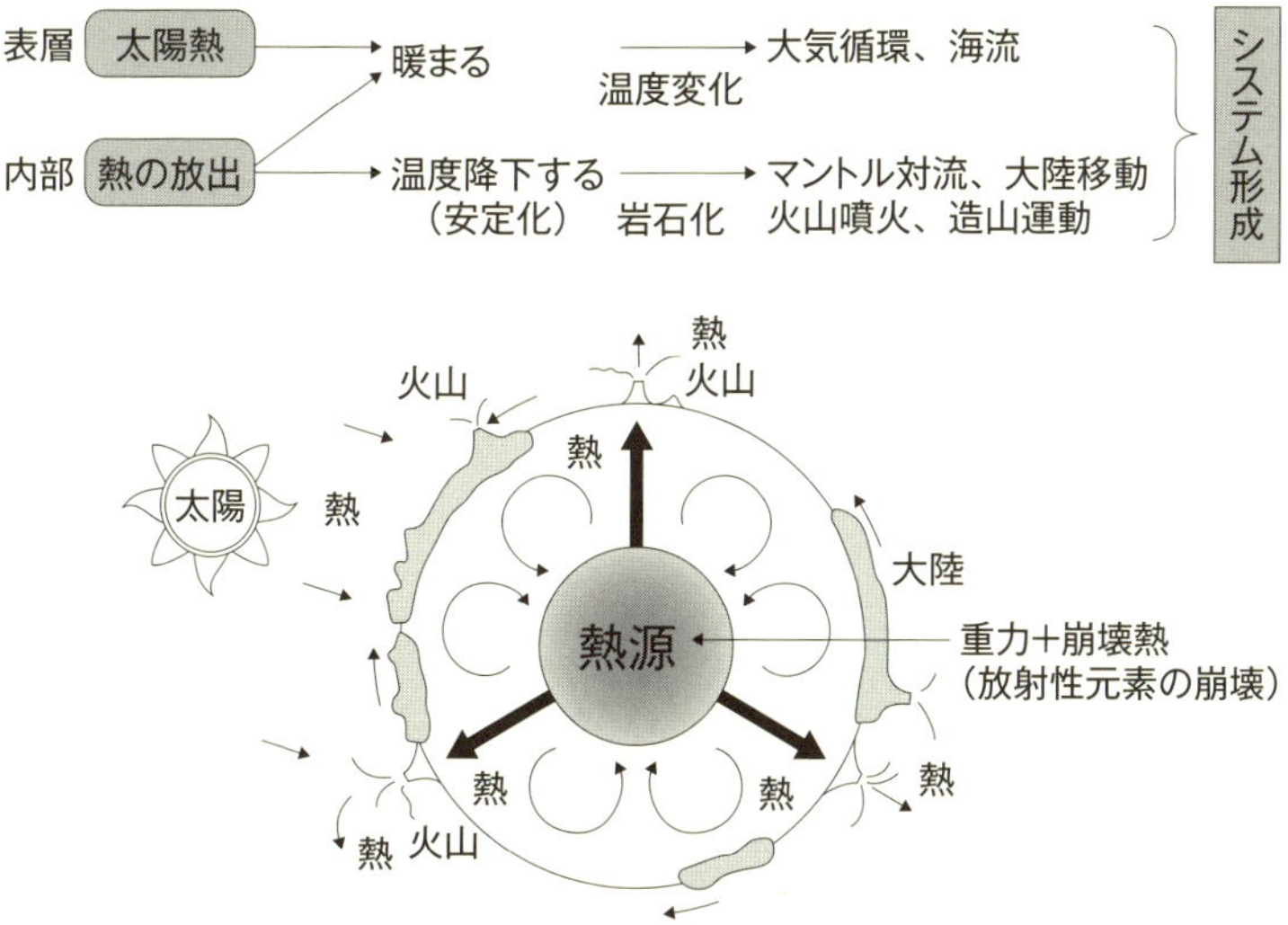

地球内部（コア）からの熱の放出

地球内部には、溶けた重い金属が沈む際に生じる重力による熱と内部に存在する放射性元素からの崩壊熱があります。マグマが噴出し、地下から熱を地上に放出しながら、温度の降下とともにマグマは岩石となっていきます。コアから表層、大気まで密接に関連します。地上では風と雨で溶岩の削剥がされて、地層が海底に形成されていきました。内部ではマントル対流を起こし、これが地殻のプレート運動や造山活動につながりました。

こうして大気、海、地上と地下でそれぞれが動くシステムがつくられましたが、このシステムは温度の降下と地軸の傾き、自転や公転などの地球の動きと太陽の光によってつくられました。熱や物質の流れなどシステム間の相互作用が起こり、全体の地球システムとなっていきました。

地球の歴史を俯瞰すれば、温度降下が小さくなりながら地球のシステムは安定化してきています。

13 地球は様々なシステムが複雑に絡み合う

地球を構成しているシステムは複雑に絡み合っています。複雑さを複雑な系として理解する必要性がありますが、大気、海、大地というように地球システムを分解していかなければ、複雑すぎて理解は困難です。複雑さの中の法則性を発見しながらシステムを構築してきています。

大気圏、海、大陸地殻、海洋地殻、マントルなどそれぞれ違う物質からなりそれぞれのシステムが考えられています。さらに大陸地殻と海洋地殻をつなぐ大陸移動システムは、火山噴火と深くかかわります。火山噴火によってガスと火山灰が大量に噴出し、大気と混ざり、空中を浮遊し移動します。細かい火山灰は地上への降下に時間がかかり、太陽光を遮断して気候を変えていきます。異常気象の原因ともなり、天候不順をもたらします。火山の噴出で地震が発生し津波が起こります。ガスが噴き出し海に溶け込みます。海水の動きを変えます。海流や潮汐流は津波の影響を受けます。したがって大気圏の気候システムや海流のシステムに影響を及ぼします。

またプレートの大陸の下への沈み込みで、地震を起こし、断層が生じ、津波を発生させます。巨大な火山噴火であれば、気候や海流への影響も大きく、長期間にわたります。大陸移動システムと気候システムが絡み合います。隕石や、小惑星も地球に衝突すれば、火山噴火と同じように天候を変え、地震を起こし、割れ目をつくり、森を焼き、海水の動きを

・地球システムは複雑
・各システムへの理解ー全体への理解

変えます。自然界の現象は複雑です。
地球規模でのスケールで見れば、宇宙のシステムが関与してきます。地球には、太陽から電磁波が降り注いでいます。太陽の活動が活発化すれば黒点付近で太陽嵐が発生し、プラズマが噴出し、地球に接近し磁気嵐を起こします。電磁が放出され、電力関係の機器が壊れ、発電所などの電力施設が破壊され、停電や無線通信に被害が発生します。電磁波の7割は地上と大気中で吸収され、水や大気の循環などのシステムの中で利用されています。太陽嵐の規模が大きくなれば、巨大災害となります。

このように宇宙のシステムも絡んできますから、地球の動きを知るためには、それぞれのシステム自体と関係するシステムを考えていかなければなりません。また自然のシステムだけでなく人間を含む生物圏のシステムを加えていけば、より複雑さをましますので、モデル化して考えざるをえません。

火山噴火システム

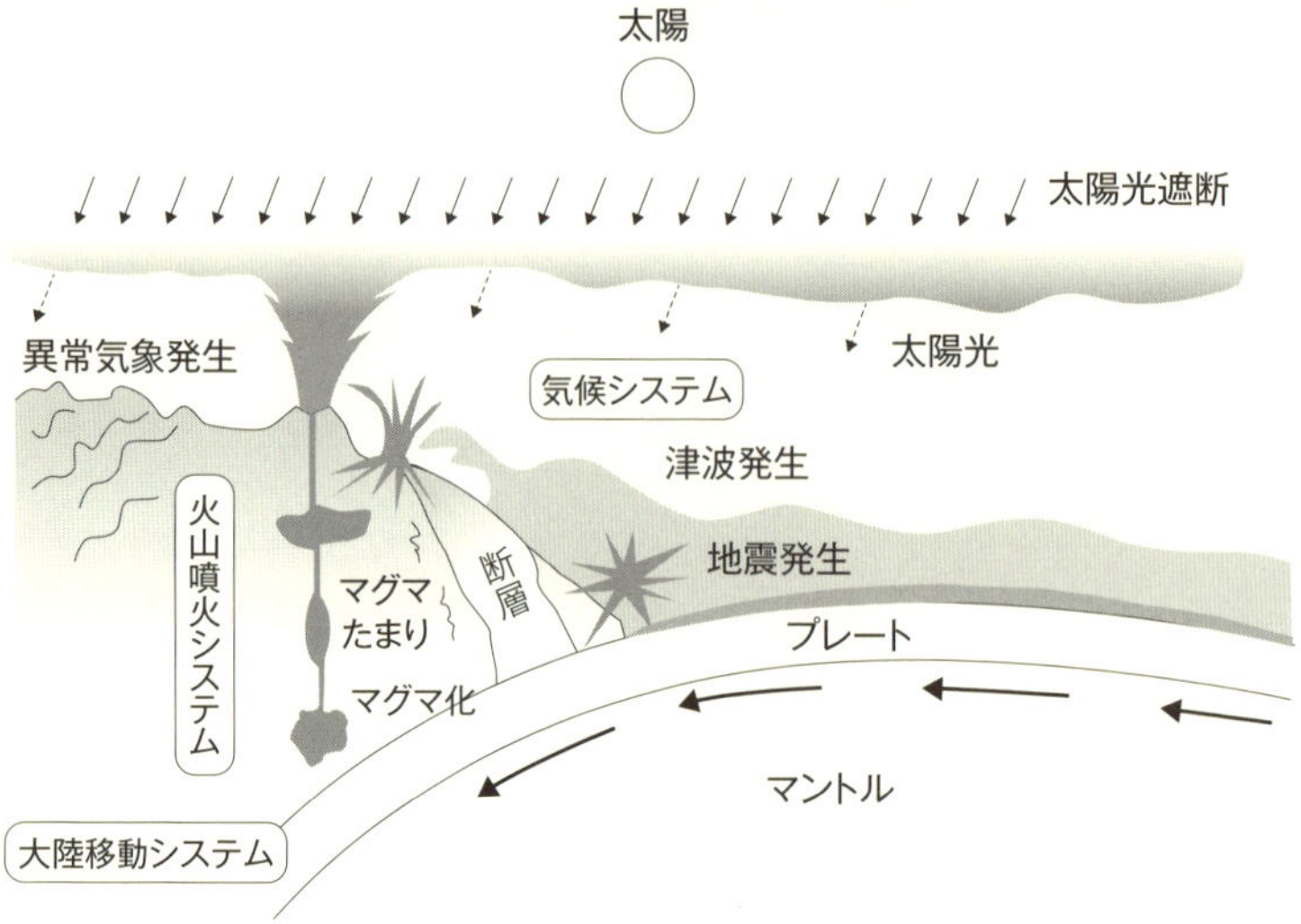

太陽嵐と影響

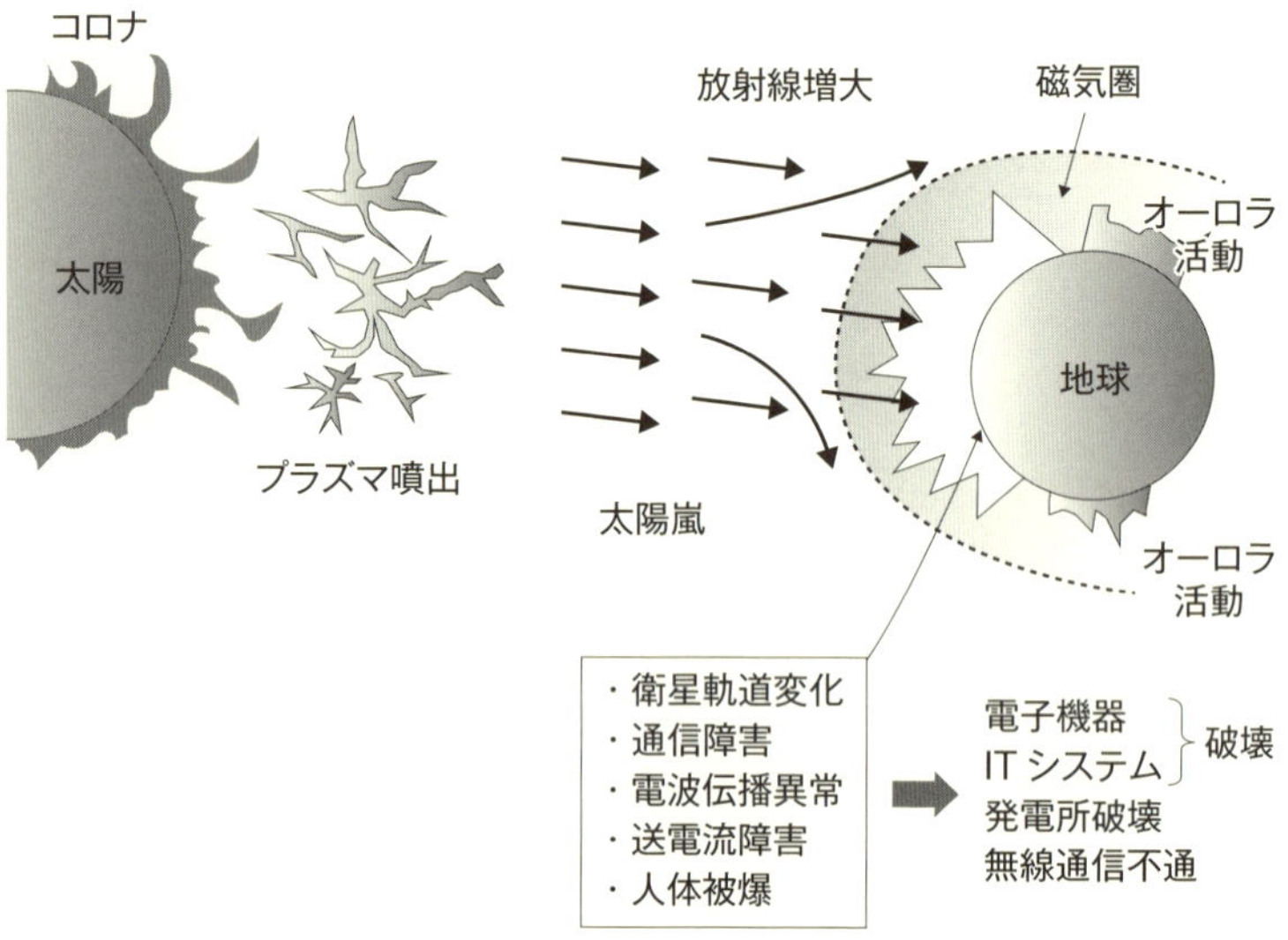

14 大陸移動説からプレートテクトニクスへ

ドイツ人の気象学者、アルフレッド・ウェゲナー（1880〜1930年）は、世界地図を眺め、アフリカ大陸西海岸と南アメリカ大陸東海岸の形がよく似ていることに気づきました。20世紀の初め、1910年に「地球上には1つの大陸しかなかった。その後この大陸が分裂し、移動し、現在の各大陸がつくられた」という大陸移動説を提唱しました。当時、大陸自体が動く考えはなく、大陸は地球の収縮でできたという説が主流でした。すなわち大陸は垂直運動で形成されたとの考えでした。

ウェゲナーはこの古生代の一つの巨大な大陸を「パンゲア」と名付けました。移動の駆動力を遠心力と月と太陽による潮汐力に求めました。しかし、「大陸を移動させたエネルギーはどこにあるのか？」という疑問に対し、説得力をもつ理由で説明ができず、大陸移動説は受け入れられませんでした。

ウェゲナーが死んで30年ほどたった1950年代に、「大陸移動の原動力がマントルの対流によるものだ」という仮説が提唱されました。岩石に残された地磁気の調査などから大陸が移動していたということが判明し、ウェゲナーの学説が証明され、1960年代に定説となる「新しい地球観」の土台となりました。天動説から地動説への転回のように、コペルニクス的転回にも匹敵するほどの地球観でした。

1961年に米国のロバート・ディーツは、地球内部から、物質が中央海嶺に上昇し海底に岩盤をつ

大陸移動説からプレートテクトニクス

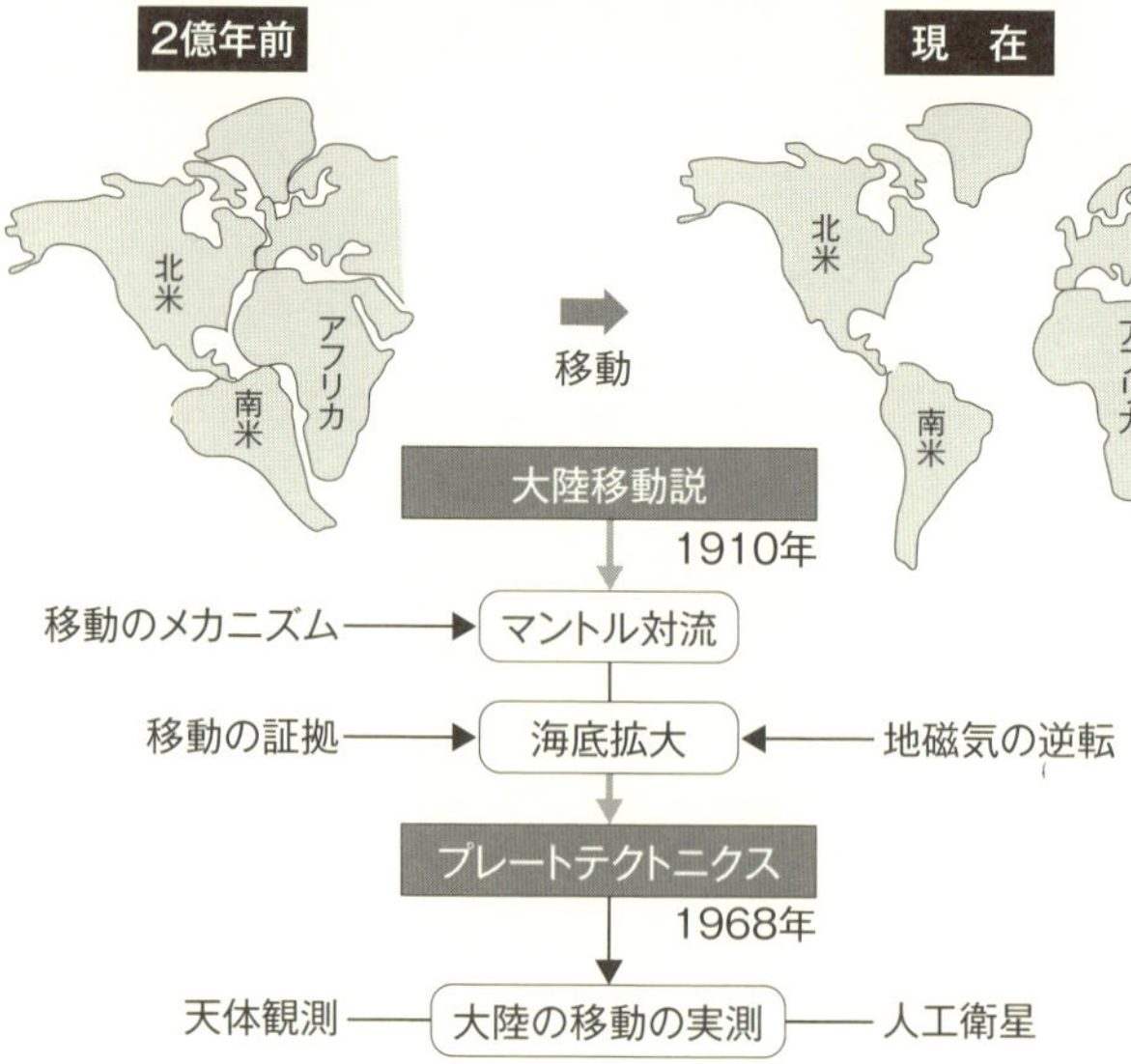

くり、海底が中央海嶺の両側へ拡大し、海溝ではその岩盤が沈み込む、という海底拡大説を提唱しました。大規模な物質循環です。１９６８年にカナダのテュゾー・ウィルソンは、これらをまとめ「プレートテクトニクス」理論を完成しました。この岩盤をプレートといっています。厚さ約１００キロメートルの10枚余りの硬い板（プレート）で地球表面は覆われています。

　１９８０年代後半に電波を放射している天体の電波星や衛星によって大陸の移動が実測され、年数センチの速度であることが明らかになりました。また重力測定により大陸地殻と海洋地殻の存在が判明し、地震波測定で核とマントルの存在がわかりました。地震波トモグラフィーにより比重の重い海洋プレートは、沈み込み帯でマントル内へ入るプレート（スラブ）の存在がわかりました。このようにマントル構造の解析がなされています。

第3章

地球のいろいろな動きから天変地異を探る

15 天変地異はどうして起こるのか

天変地異は突然に周辺が異常な景色に変わる現象です。圧力釜の爆発と同じような突然の破壊です。

圧力釜は圧力の高い場合は2・45気圧になり、釜の中の温度は128℃程度になります。圧力が高くなりすぎ、鍋の厚さが圧力に耐えられなければ、鍋は爆発し、鍋や台所が破壊されます（現在の圧力釜は爆発防止の安全調節がなされています）。

温暖化では、徐々に二酸化炭素が大気中に増えていきますが、木の枝がポキッと折れるように、突然に巨大な環境変化が起こる、と考えられています。どんな変化かはわかりません。未知です。

火山の爆発や洪水など天変地異につながる大災害はこの圧力釜の爆発と同じで飽和状態を越えたときにおこります。洪水も水量が増加し、堤防を越え、溢れ出し、広範囲に流出し、家屋は壊れ、流されます。地層に圧力がかかり限度を超えれば（エネルギーが飽和や臨海を超えれば）断層ができ、地層が不連続となります。ずれが生じながら地震が発生し、家屋を破壊し、道路が壊れ、電線、水道管が破壊され、地面を揺らし、山が崩れていきます。震源からの地震波が伝搬し、津波を引き起こします。

熱が溜まり、マグマが溜まり、水が溜まり、力が溜まり、溜まりすぎて、圧力釜のように耐えられなくなり、溜まっていたものが解放されて、地形が壊れ、山が崩れ、変形し、豪雨が続き、ダムが壊れ、社会生活が寸断されます。不可逆の現象です。

天変地異の発生

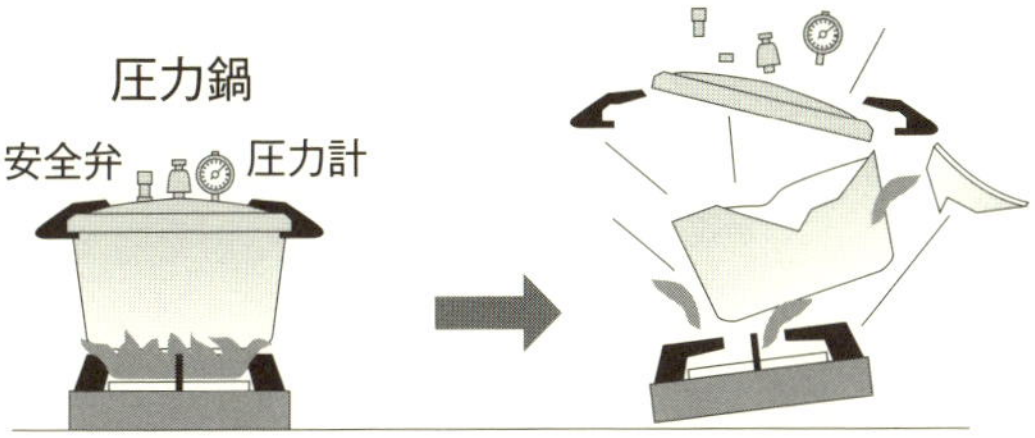

圧力超過 → 圧力解放 → 爆発

環境変化 ― システム破壊

- マグマがたまる（満杯）
- 水が満杯
- 過剰な集中豪雨
- 許容量超過

↕ 器が巨大

解放 →

- 火山爆発
- 洪水
- 土砂崩れ
- 温暖化加速―豪雨多発

器が巨大 → 天変地異 ― 巨大災害

小笠原諸島の海底火山の活動により生じた西ノ島新島のように火山爆発が頻繁に起きても人が住んでいなければ災害は関係しません。シベリアに隕石が落ちても災害には至らないでしょう。天変地異は人類生活に自然界のエネルギーが許容量を超えたときに表れます。圧力釜の破裂です。

古来より天変地異は「神の怒り」というように非科学的にとらえられてきましたが、これまで述べてきたように宇宙観、地球観が理論的に説明できるような時代になり、科学的解明に向かっています。そこには観測技術の発達、知識の蓄積が不可欠です。

地球システムを構成するそれぞれのシステムで、エネギーが許容量を超えたときシステム破壊が引き起こされます。天体衝突、隕石の落下は宇宙システムの中で起こりますが、地球への接近の原因はよくわかりません。また異常気象は人為的作用が主因です。

16 地球はあらゆる動きをし、その中で天変地異が起こる

地球の動きといっても太陽を回る動きから地球自身が回転する動き、地球内部ではマントルが対流を起こす動き、マントルが地上に噴き出す動き、マグマも地上に噴き出し火山をつくる動きなど様々な動きがあります。大陸が動き、海底が拡大します。地層がつくられていく動きもあります。大気が風をつくりながら地上で空気が動いていきます。このように地球はたくさんの動きがあり、めまぐるしく動きます。地球はスケールの大きな動きから小さな動きまで、マクロ的にもミクロ的にもあらゆるスケールであらゆるものが地球上で地球内部で動いていいます。その時間的スケールも瞬間の動きから、人間の目に見えないようなゆっくりした動きなど、時間と空間を考えれば、人間のとらえることのできる動きは地球の動きの中の極僅かです。目に見えない、感じられない動きの中で、人類は社会をつくってきていますが、そんな五感で捉えられない地球の動きに左右されています。動きが安定していれば、平穏な人間生活環境となります。しかし、この地球の動きのなかで、時に大異変が起こります。五感に感じるどころではない巨大な動きです。天変地異です。破壊される動きによって地球の動きが自覚できます

地球システムはこの地球のあらゆるものの動きの中でシステム化されてきています。システムは安定していれば秩序です。しかし、大陸の移動システムにしても地下深部の動きにしてもプレートテクトニ

地球の動きとシステム

時間		動き	動きの感知
	目に見える・感じる動き	火山噴火	観察、体感、地震計
1日		地震	体感、地震計
		津波	観察、測定（検潮所）
1年		集中豪雨	天気の変化、測定、
		海流	観察、測定
10年		台風	天気の変化、観測、測定
		雲	天気の変化、観測、測定
100年	目に見えない動き	大陸移動	人工衛星、測量
		マントル対流	地震計
1000年		海底拡大	磁力、地磁気の測定
		大気循環	大気の分析、気圧など測定
1万年		海水循環	海水の分析、流速など測定
		炭素循環	化学分析
		海水面上昇	電波計測、人工衛星

大気・海洋システム
大陸移動システム
大気海洋システム

クス自体がまだ概括的なことがわかってきた段階です。マントル活動と地球システム変動、巨大地震のメカニズム・サイクル、巨大海台の形成、地球内部物質循環、地球表層と地球深部のコアとの相互作用などの課題をはじめ、地球の動きに密接なシステムの精度は今後の研究次第です。

宇宙のシステムは、地上からの観測だけでは限界があります。宇宙に惑星探査機を飛ばし実態を知ろうとしています。土星への探査機「カッシーニ」、冥王星への探査器「ニューホライズンズ」、金星への「あかつき」、水星への「メッセンジャー」、火星へは「キュリオシティ」など地球からのリモートコントロールで探査をしています。やっと惑星に近づいたり、着陸しています。500メートル（長径）の大きさの小惑星イトカワにも探査衛星「はやぶさ」が到達しています。宇宙のシステムの検討も探査の進展とともに進んでいくでしょう。

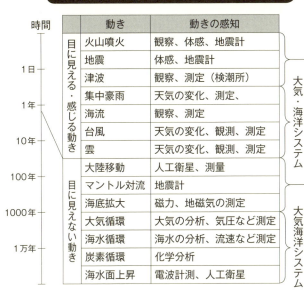

17 地球システムを動かす熱エネルギー

地球のシステムを動かすエンジン（動力源）は、地球内部の熱エネルギーです。地球のコアは364万気圧という想像を絶する超高圧で5500℃という超高温です。実際に測定されたわけではありませんが、実験室に地球深部の超高圧の環境を作りだしました。人類にとって未知の世界であり、まだマントルもコアも人類は、直接の観測はできません。

地球内部のコアの外核は、液体金属です。対流を起こしています。熱がコアから上部のマントルへ放出されていきます。この放出された熱は、マントル対流のエネルギー源になります。この熱でマントルは対流し、マントルの上のプレートが動きます。

プレートが動き、移動していきますが、大陸に近づくと、大陸の下に沈み込んでいきます。プレート運動や周辺に変動を起こし、大陸の沈み込む付近に山をつくり、造山活動となっていきます。プレートは大陸の縁に潜っていきますが、潜りながら直上近くの一部を溶融させて、地殻の中にマグマが発生していきます。このマグマは地表に上昇し、噴出して火山をつくります。また噴出により、マグマの上部の岩体や地層はマグマの貫通によって割れ目や断層をつくり、地震を発生させます。地震は津波を引き起こします。マグマの噴出によって溶岩、火砕流となり、流出し、火山灰が放出し、気候を変動させていきます。

システムのエンジン

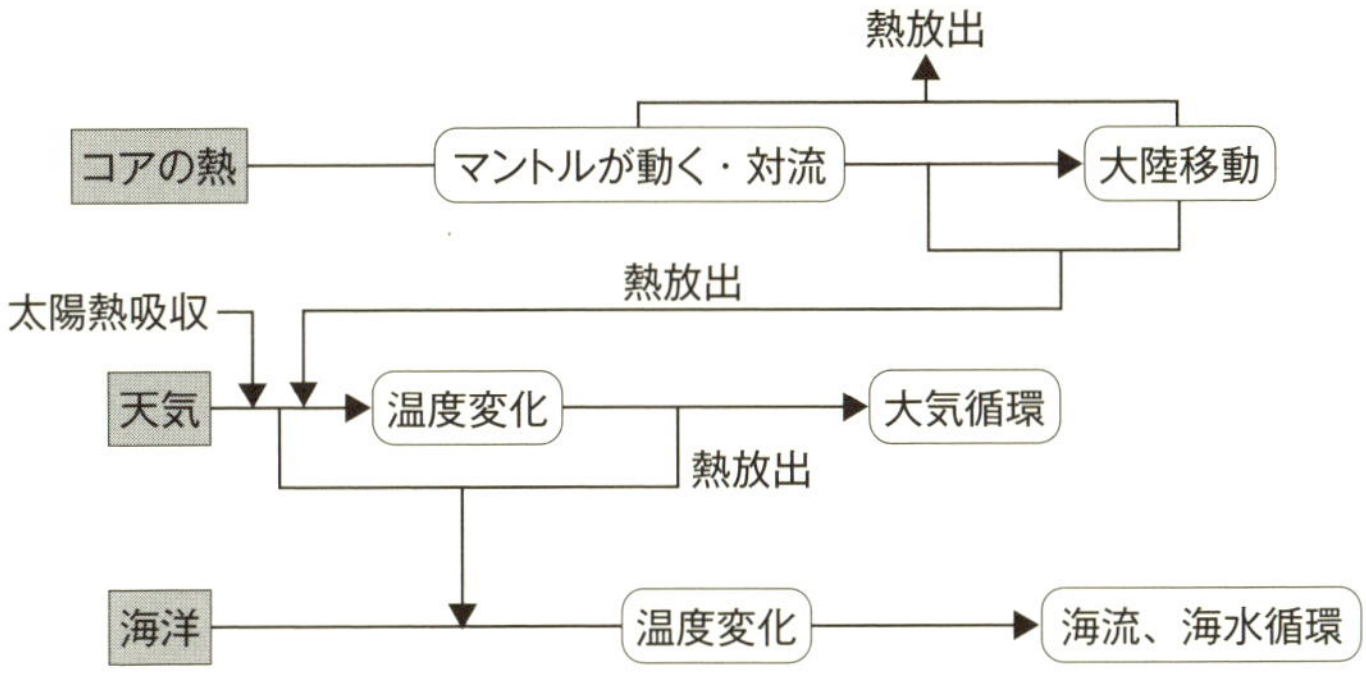

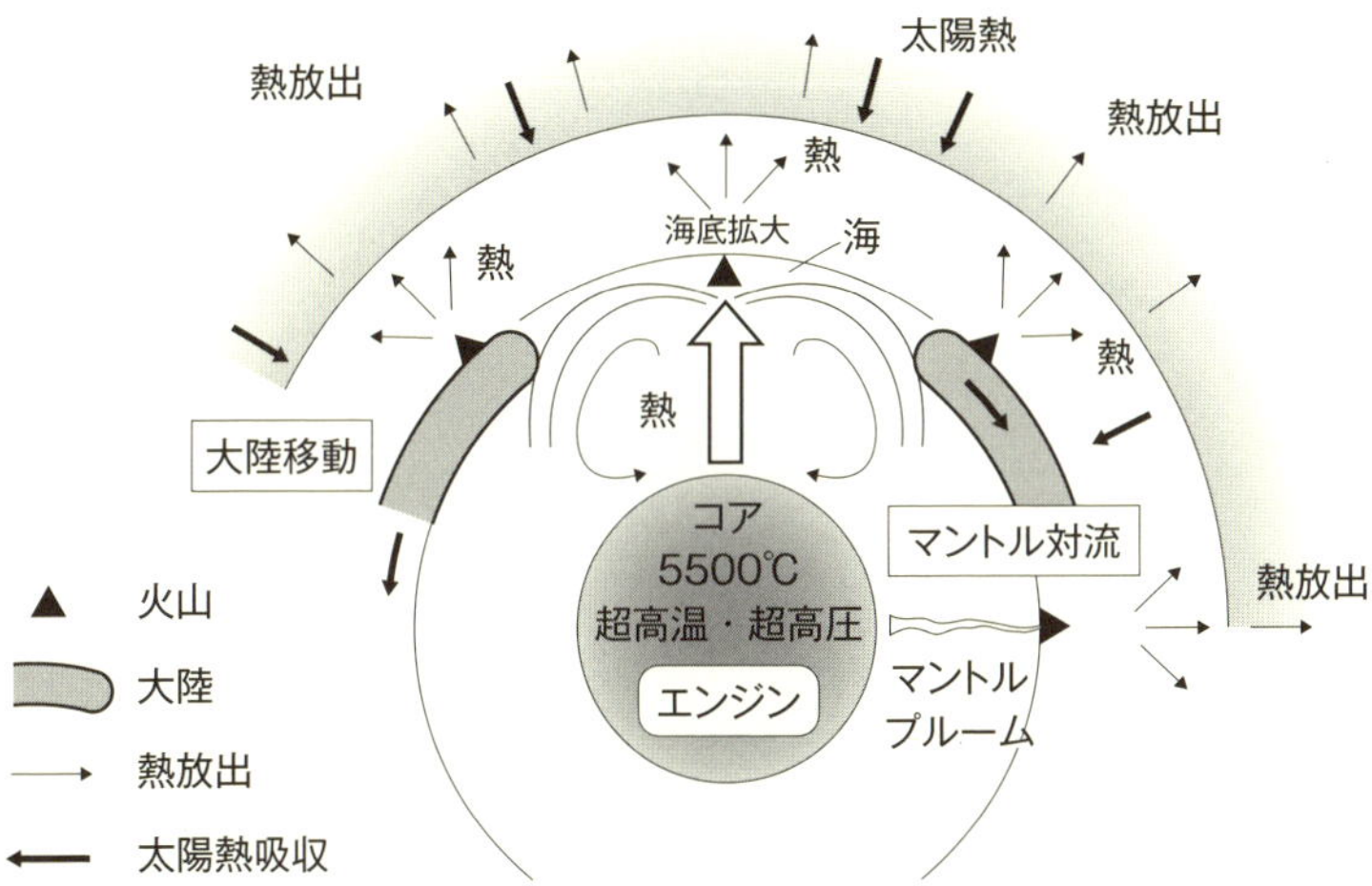

熱の放出で動くシステム

- マントル対流、マントルプルーム
- 大陸移動、地殻変動、造山運動
- 火山噴火、地震、津波
- 大気循環、海流、海水循環《じゅんかん》

コアは、５０００℃を超える熱を放出しながら、ダイナミックに大陸移動のシステムを動かし、火山噴火システム、気候システムも動かします。海嶺でのプレートの形成や海底の拡大もマントルの対流によって起こります。その熱源も同様です。

熱は地球内部から外に向かって流れ、地球システムが動き、大地を押し上げ火山を噴火させます。熱源は地球が誕生したとき、重力により発生した熱で地球内部にたまっています。また地球内部の元素崩壊により発生した熱です。約44兆ワットの熱をコアから地上に、そして宇宙空間に放出しているとされています。

また太陽から受ける大量の放射熱は地下深部から上昇してくる熱に加え、地球表面に蓄えられます。熱の49%が地表で、20%が大気で吸収されます。残りは宇宙に放出されます。地表の熱は大気に伝わり地表を暖めます。暴風雨や台風など、地表では様々な気候や気象現象が起こりますが熱が原動力です。生態系の活動に必要な熱も太陽からの熱がベースとなります。また地軸の傾きから起こる季節による偏西風や貿易風などの大気循環も熱が原動力となります。

海洋循環は、熱循環システムの中で起こります。海流は海洋の表面の緯度によって受ける熱量と温度が相違するため、温度をできるだけ均一にしようとして動きます。地球では緯度によって太陽から受ける熱量が違い、熱塩循環と表層循環によって気温を均一化していきます。温度あるいは塩分の密度の不均一によって熱塩循環が起こりますが、深層大循環ともいいます。海面での風によって起こされる表層海流は、風がおもな駆動力となります。このほか、温度に関係しない、引力によっての流れが潮汐流です。このように海流は太陽からの熱がエンジンの主体で、海の熱還流といえます。

Column

ポーランドに生まれたコペルニクスの町「トルン」

中央ヨーロッパに位置するポーランドは、南部を除き国土の大半が平野です。緩やかな丘陵地帯で森が広がっています。バルト海に注ぐヴィスワ川沿いの町、トルンはワルシャワから列車で3時間、人口20万人の都市で、コペルニクスの生まれた町です。1997年に旧市街が世界遺産に登録されました。中世の商業都市の姿を残しているトルンの中心に市庁舎が、そのわきに天体の模型をもつコペルニクスの立像があり、中世の雰囲気を醸し出している町です。

コペルニクスの生家は、博物館となっており、コペルニクスが使用したコンパスや地球儀などが展示されています。コペルニクスは銅を商う裕福な家に生まれ、両親を子供時代になくし、伯父に育てられました。クラコフの大学で哲学、数学､天文学を学びイタリアに留学をしたのち､コペルニクスは、天文学者とともにカトリック司祭になりました。『天体の回転について』の初版が1543年にドイツのニュルンベルグから出版され､1566年にバーゼルで第二版が出ました。全6巻からなり宇宙体系を表し､地動説を理論化した本です。第1巻は概要が書かれていますが､2巻からは難解だといわれています。

ユダヤ人のジャーナリストで小説家のアーサー・ケストラーは『夢遊病者たち』のなかで『天体の回転について』を専門的で退屈で「誰にも読まれなかった本」という烙印を押しました。ハーバード大学の天文学者オーウェン・ギンガリッチ教授は「そんなはずはない」と世界中の図書館に行き、読まれた痕跡があるかどうか初版600冊を対象に、20年かけ調べました。結果は書き込みがあり、読まれた痕跡がいくつも確認でき「読まれていたコペルニクス」でした。

宇宙・地球観に革命をもたらしたコペルニクスですが、近代科学の出発点で、トルンはその革命を育んだ町です。

18 大気はいろいろな形で循環している

――気圏のシステム

大気はすでに4項で説明したように対流圏、成層圏、中間圏、熱圏と構造区分されています。大気が存在する範囲が大気圏ですが、地表付近を占める混合気体のことを空気と呼んでいます。空気は地球の表面を層状に覆っています。3分の2ほどが対流圏に、残りが成層圏に存在しています。無色透明の複数の気体の混合物からなります。組成は窒素78・11％、酸素20・95％、アルゴン0・9％、二酸化炭素0・04％で、水蒸気が0・4％ほど含まれています。そのほかオゾンなど微量成分を含んでいます。なお乾燥した空気1リットルの重さは、0℃、1気圧で1・293グラムです。

産業革命以降二酸化炭素が人為的に排出され、大気中に残存し、許容量の限界に近づいてきて、地球温暖化の要因となっています。

気象現象が起こるのは雲が発生する対流圏です。地球は球形なので日射量は低緯度ほど多くなります。したがって、太陽放射の量は赤道で最も多くなり、最も少なくなるのは極で、赤道と極との間で熱が輸送されます。この輸送を担うのが循環です。対流圏では大気が循環しています。北半球と南半球においてそれぞれ3つの循環が存在しています。

高緯度の大気が冷やされ、上空では低緯度から高緯度へ、地上付近では高緯度から低緯度へ向かう風が起こり、循環しています。

低緯度にある循環をハドレー循環といいます。中

大気の循環

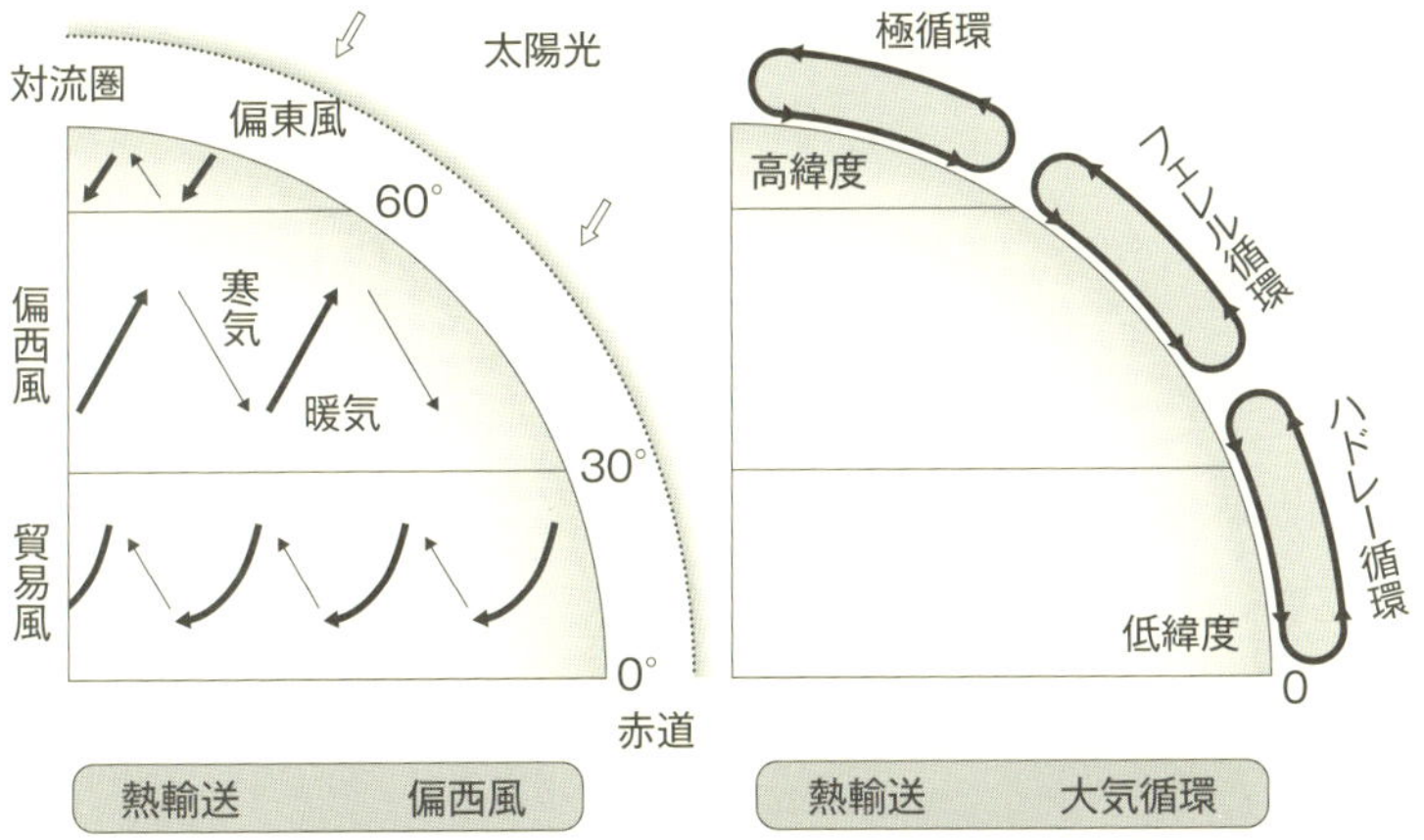

大気（空気）の組成　窒素　78.1%　酸素　20.95%　アルゴン　0.9%
水蒸気　0.4%　二酸化炭素　0.04%

緯度における赤道と両極の間の熱輸送はフェレル循環です。極付近の高緯度では、地表冷却による下降気流を原動力とした極循環があります。また地表では赤道付近に熱帯収束帯と呼ばれる上昇気流の中心線に向かう北東・南東の貿易風が吹きます。極付近の地表では極高圧帯から周囲に吹き出す北東・南東の極東風が吹き、中緯度上空の西寄りの風が偏西風で、南北蛇行し、熱を低緯度から高緯度へ輸送しています。冬季には対流圏界面付近で毎秒１００メートルに達し、ジェット気流とよばれています。貿易風や偏西風は地球の自転効果の影響を受けています。地表の熱の輸送によって大気の大循環が起こります。緯度帯によって日射量が相違しますから平衡をとるために大気が循環します。

一部の熱は宇宙に逃れますが、全体としてシステムが成り立ち、熱収支はバランスしています。しかし、温暖化は大気のシステムを崩します。

19 水の循環は一定の収支バランスの中で行われる

――水圏のシステム

水は固相・液相・気相と状態を変化させ、空、陸、海、地下と地球のあらゆるところに動き存在しています。太陽エネルギーと重力により引き起こされる動きです。絶えず動き、循環しています。

水は、蒸発し、降水となり、地表水として海に流れ、地球の表面の3分の2が水で覆われています。大部分は海水です。地球には14億立方キロメートルの水があるといわれています。地球上の水の総量は1400000兆トンほどです。97・5%が海水で淡水は2・5%にすぎません。淡水の約70%が南極や北極の雪氷や氷河です。残りの大半は地下水です。蒸発し、土壌に浸透し、流れ、動いています。

蒸発して大気の変化で雲をつくり、雨となって地表水になり、重力の作用で河川を通して海に流れ込みます。降水で海へ戻る水は全体の3分の1で残りは、太陽放射で再び蒸発して、大気の一員となりますが再び雨となります。氷河では固体から気体への昇華が起こります。

地下の帯水層の地下水の流れを地下流といいます。地表水から地下に浸透した水は地下水となり、地表に湧水するなど再び地表水となり、海に流出します。地下流の流速は遅いため、何千年にもわたって滞留します。地質時代に海水などが地層に閉じ込められた帯水層は化石水といわれます。

地表流は、地形の高低差で地表を流れる水のことですが、地表を流れながら、地中に浸透し、地下に

水の循環

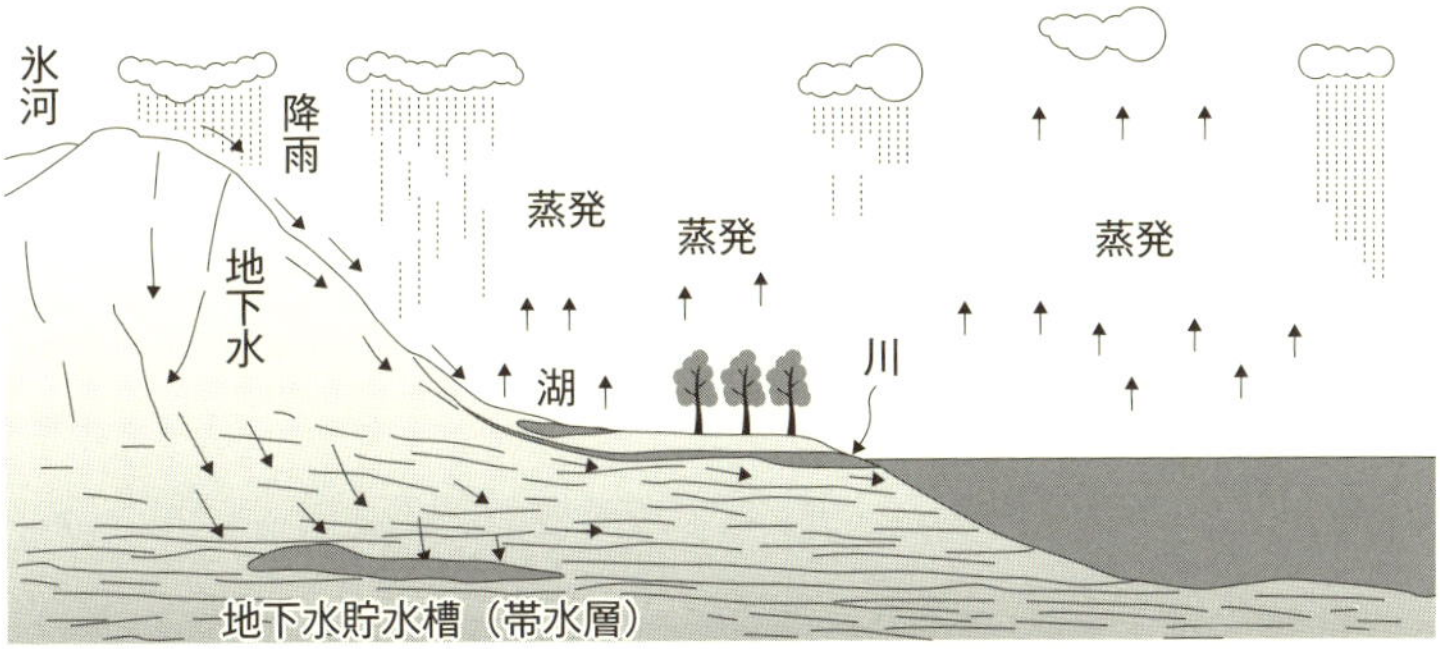

１年間	雨・雪	陸地	111兆トン	蒸発	陸地	71兆トン
		海	385兆トン		海	425兆トン
		計	496兆トン			496兆トン

→蒸発→雲→雨（雪）—川—海┐水の循環

蓄えられたり、蒸発したり、湖などにも貯えられます。このように絶えず動き、相変化させ、蒸発、降雨、貯水、流出などで相と位置を変え、繰り返して、水は循環するシステムをつくっています。

1年間に雨や雪は陸地に111兆トン、海に385兆トン、合計496兆トンが降ります。蒸発する水の量は陸上の地面や植物から71兆トン、海からが425兆トンで、蒸発量は合計496兆トンで、ほぼ収支均衡しています。地球全体でみれば、循環システムによって一定でバランスが取れています。

なお、エルニーニョ現象は、太平洋赤道の日付変更線付近から南米のペルー沖にかけての広い海域で海面水温が高くなる現象で、平年に比べて高くなり、その状態が1年ほど続く現象です。逆に海面水温が平年より低い状態が続く現象はラニーニャ現象です。エルニーニョ現象が発生すると、太平洋全域の海水温分布が変化し、異常な天候が現れます。

20 岩石の循環によって大陸は移動する

―地圏のシステム

地圏は主として岩石からなり、岩石圏ともいわれています。大気と接触する陸上の表層で堆積層、土壌、火山灰などの軟らかい堆積物からなるレゴリスが岩石や地層の表面を覆っています。海底でも大部分は未固結の堆積物が岩石や地層を覆います。

地球の内部は、まだ地球の表面しか実際に見ていませんので、物理探査のデータから推測して地球の内部を探っている段階です。

すでに17項の説明のように地球の中心の真ん中にあるコアの熱で岩石圏は動いています。その熱がマントルを動かし、対流を起こし、マントルにのってプレートが動き、大陸が移動します。プレートが大陸の下にもぐり、岩石や地層が溶融してマグマになり、マグマは地表に噴出し、火山をつくります。海底でも海嶺で溶岩が溢れ、噴出します。

地表では岩石や地層が、大気、太陽光、降雨で風化し、砕かれ、地表水や風、重力の作用などで運搬されます。運搬されながらさらに細かくなり、砂や泥となって海や湖に堆積し、埋没し地層となります。プレートで海溝に運ばれ、プレートと一緒にマントルまで運ばれていくとともに、残りは大陸の一部や島の一部となって、再び大気にさらされ、風化し、雨に打たれ、砕けて地表水や海流で運搬され、再び堆積し、プレートと一緒にマントルまで運ばれていきます。このように岩石も地層も循環します。

伊豆半島は、かつては南洋にあった火山島や海底

岩石の循環

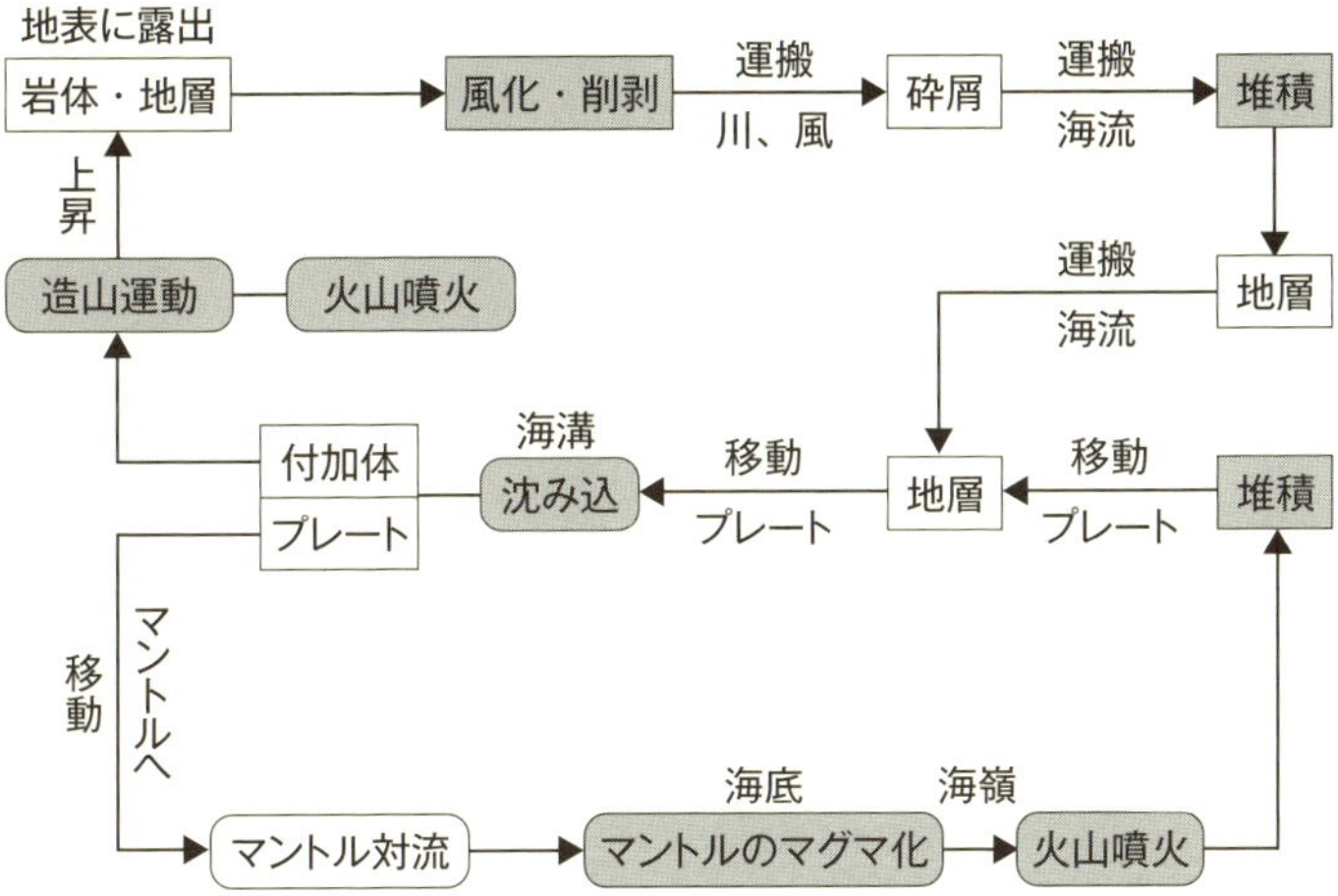

火山の集まりでフィリピン海プレートの上にのって北上し、アジアプレートに衝突しました。活発な変動の場となり、富士山や箱根が噴火し、いまでも活動が続いています。ヒマラヤ山脈もインド大陸がユーラシア大陸とぶつかり下に沈み込んで高い山になっており、今でも沈み込んでいます。

　このようにプレートの移動システムによって大陸の位置が変わっていきます。山をつくるなど地形が変形していきます。このような動きは１年に数センチメートルの動きですから、その動きは１００年、１０００年と長い期間を経ないと見えてきません。地層もこのような地球のダイナミックの動きの中で形成し、循環しています。火山活動、地層の堆積、山の形成、大陸の移動など地球のシステムとして、それぞれ関係しながら動いています。時計の歯車のように、原動力となるコアの熱から動力伝達が行われて各システムが回っています。

21 気圏、水圏、地圏の三つのシステムのつながり

気圏、水圏、地圏が一体となって地球が営まれています。それぞれのシステムで動いていますが、お互いにつながりながら動いています。地球の中心からの熱と、太陽からの熱が動力となって永久運動を行っており、永久機関といえます。

これら3つの圏では物質の移動、交換もなされています。水圏は、温度によって蒸発し，気圏に移動します。気圏の水蒸気は雨となって水圏に移動し、岩石圏にも入り込みます。酸素は、水圏では水として存在していますが、岩石圏では鉱物を構成する化合物の元素として存在しています。

温暖化で問題となっている二酸化炭素も大気の一員であり、水に溶けイオン化してCaと化合しサンゴなどの生物の$CaCO_3$炭酸カルシウムとして固定され、生物が遺骸になれば石灰岩になっていき、岩石圏に存在します。また大気の二酸化炭素は植物の光合成で、植物内に吸収され、分解されて、炭素がセルロースなど炭素化合物として植物体になりますが、最終的に石炭として岩石圏に固定されます。石油も水中の微生物が体内に吸収された二酸化炭素が分解され、炭素が石油に固定されます。

このように物質は気圏、水圏、岩石圏を移動し、各圏のシステムの中で動きますが、各圏は密接につながっています。また境界を越え、相を変えたり、異なった物質になり、絶えず動き、全体として一つのシステムを構成しています。

気圏、水圏、地圏のつながり

・気圏、水圏、地圏のつながり密接
・生物圏を介するつながり

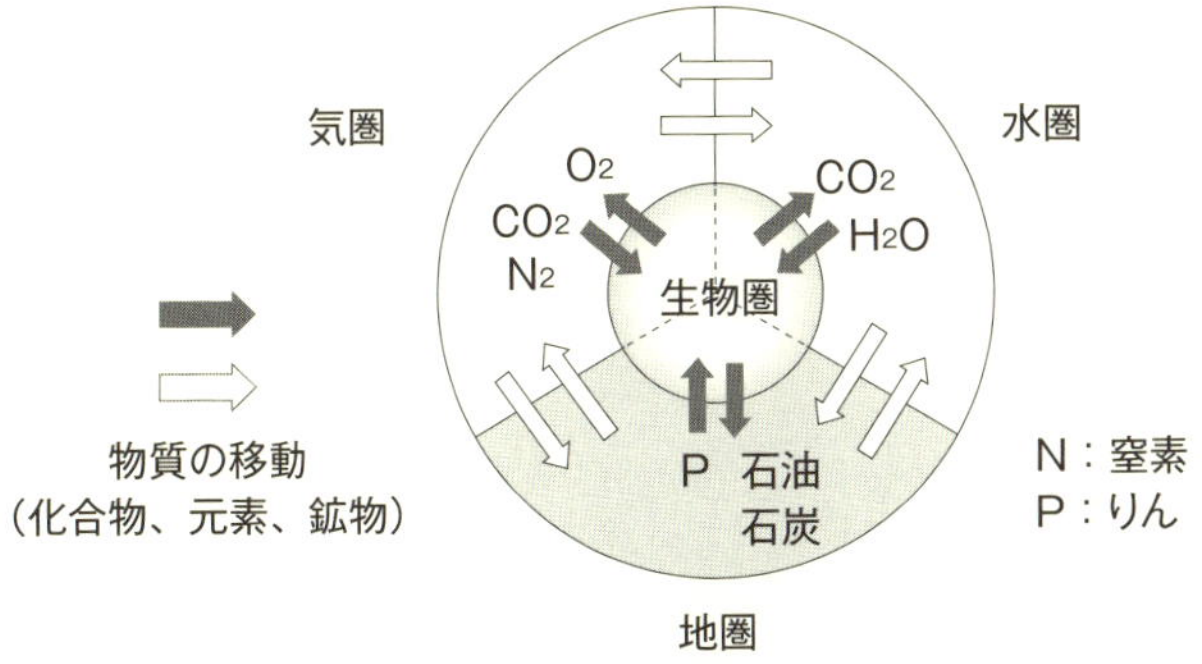

岩塩

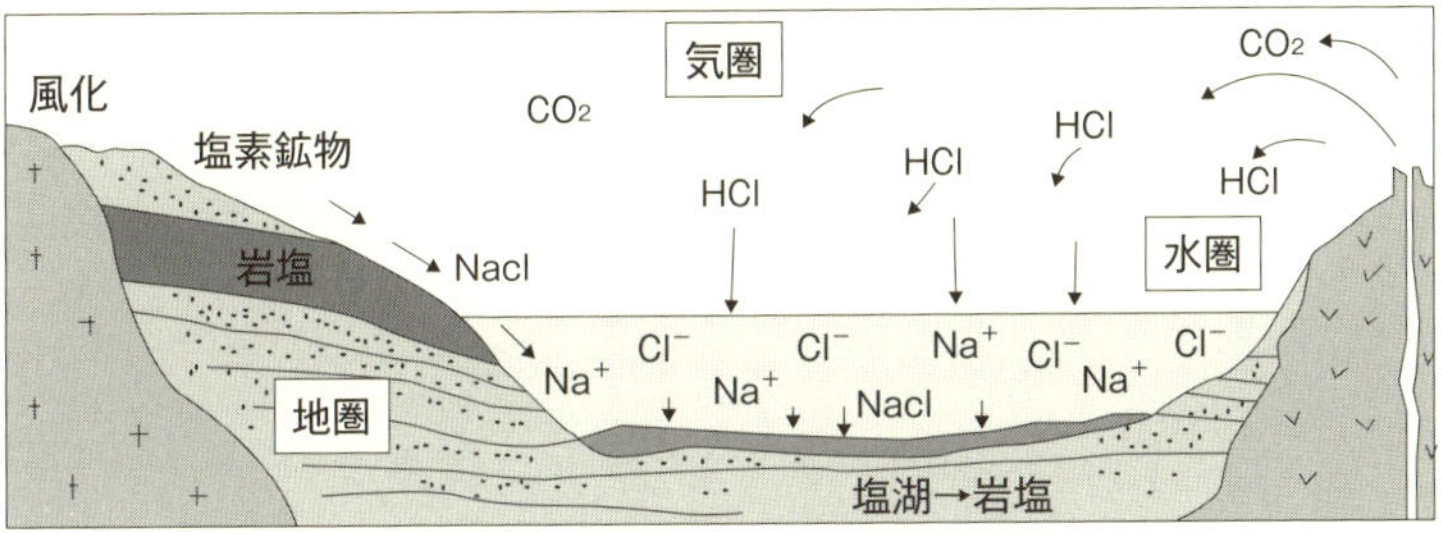

石灰岩

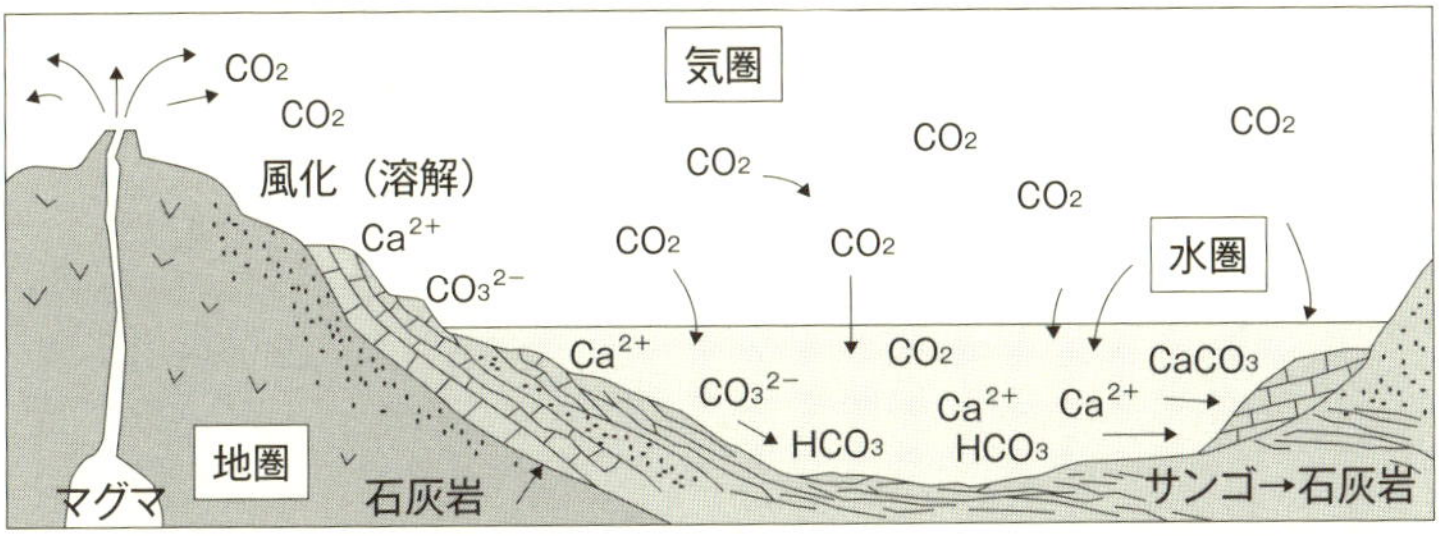

地殻中の存在量	Na：2.58% Cl　：170ppm	Ca：3.63% C　：0.03%	O：46.6%	塩素鉱物 $NaAlSi_3O_8$

22 地球温暖化はどうして起こるのか

温暖化は、対流圏で起り、天変地異に結びつきます。大気に含まれる二酸化炭素からなる温室効果ガスの増加によって引き起こされます。温室効果ガスは、温室効果をもたらす気体の総称で、オゾン、二酸化炭素、メタンなどからなります。地表が温室のように保温される現象を温室効果といい、二酸化炭素などの濃度が増大すると、熱の吸収が増え、気温が上昇します。

すなわち太陽のエネルギーは地上に降り注ぎ、赤外線として放出されますが、温室効果ガスはこの赤外線を吸収し、熱が逃げないようにするため、地球全体が温室になったようになります。地球全体の気温が上昇し、温室のようになることが地球温暖化です。「温暖化」ともいいます。二酸化炭素は温暖化への影響度が大きく温室効果ガスの76％を占めています。次いでメタンで16％です。

産業革命以降、1750年頃から工業化が本格化した1850年頃を境に地球の平均気温が上昇しています。1906〜2005年の約100年の間で0・74℃上昇しました。化石燃料の使用が増え、大気中の二酸化炭素の濃度が増加したからです。温暖化は、大気の対流、偏西風、貿易風に影響を与え、海洋も酸性化させます。

産業活動によって石炭や石油が大量に消費されています。鉄鋼の生産、セメントの生産、自動車などから二酸化炭素が大量に大気中に放出されていま

温暖化の原因と影響

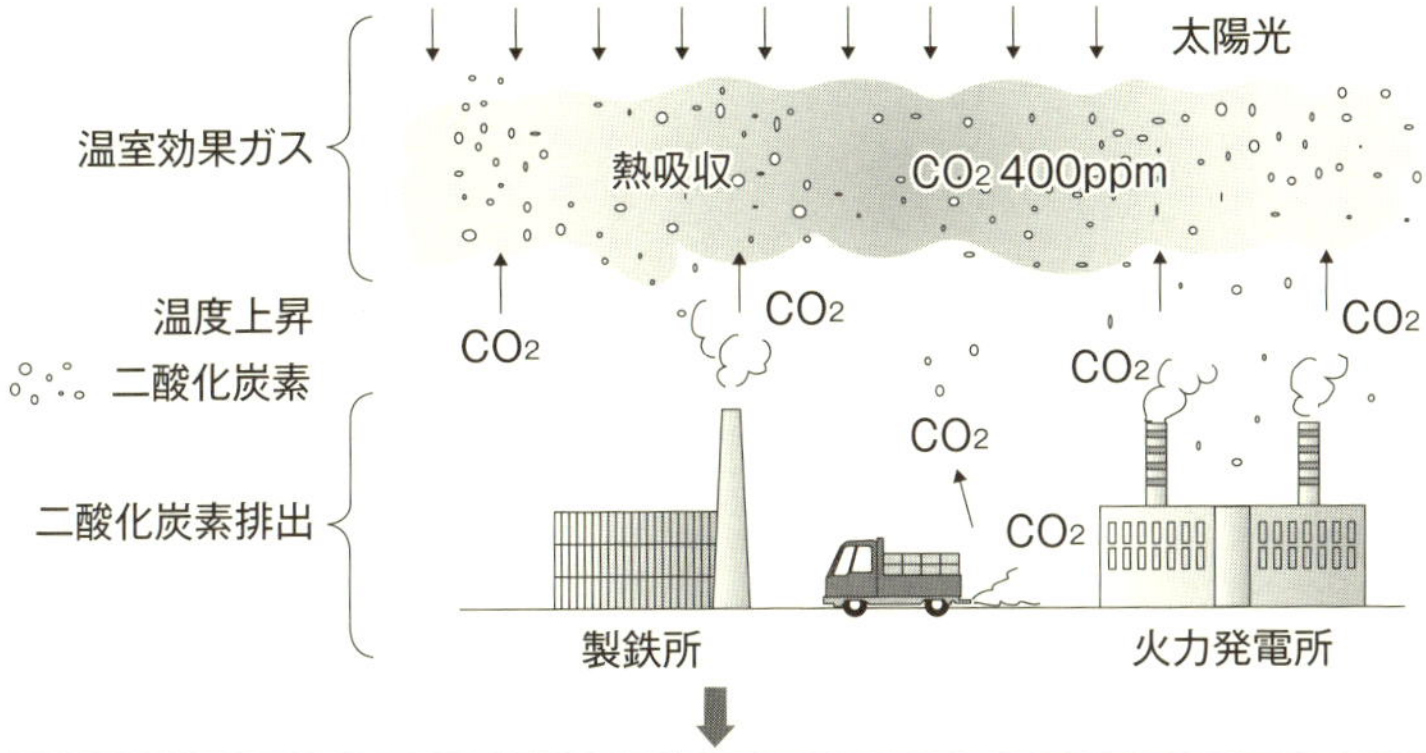

温暖化	異常気象、気象変動 豪雨、旱魃、暴風、変則的季節	災害多発（洪水、土砂崩れ、農地破壊、農作物不作
	海水面上昇	北極圏・氷河の氷溶解 標高の低いところ水面下
	海水温上昇	漁場移動、漁獲量激減

す。

かつて大気の二酸化炭素の濃度は250~280ppmで安定していました。産業革命の頃から、濃度が大きく上昇しました。2015年、温室効果ガス観測技術衛星「いぶき」のデータによれば、2016年中に平均濃度が温暖化の危険水準である400ppmを超えてしまいます。『気候変動枠組条約締約国会議（COP）21』は「気温上昇を2℃よりかなり低く抑え、1・5℃未満への努力をする。21世紀後半に温室ガスの排出と吸収を均衡させる」という目標を掲げました。温暖化は異常な気候変動となって現れます。豪雨、豪雪、旱魃、暴風が起こり、季節も変則的になり冷夏、暖冬となります。集中豪雨で洪水が起こり、北極の氷が溶けだし、海水面が上昇します。世界各地で異常気象となり、災害が拡大します。生態系にも影響を与え、農業、漁業への影響から食糧危機をもたらします。

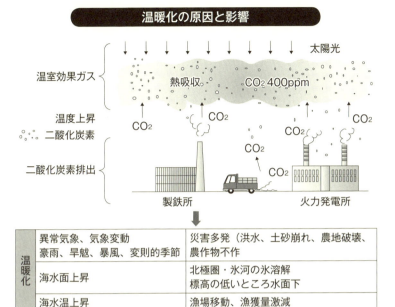

23 天変地異を引き起こすシステムの破壊

システムが壊れれば天変地異が起こります。しかし、システムが壊れつつある状況はなかなかつかめません。科学によって自然現象を観察し、観測してシステムの状況を評価していきます。

地球はシステムを構成していますが、地球の中は、まだまだ未知の世界です。

地震、火山噴火、津波、豪雨、洪水、山体崩壊、小惑星の衝突は、一度おこると天変地異になりかねません。

破局噴火といわれる巨大火山の噴火によって地震、津波が起こり、山体崩壊や気候変動も引き起こします。海底プレートの大陸へ沈み込みによってマグマが地下数十キロメートルの深部で生成されます。マグマは周囲の岩石より比重が小さいため、浮力によって上昇し、地下数キロメートルにマグマ溜まりとなる空隙に溜まっていきます。マグマが供給され、溢れ出る状況になっていき、圧力によって様々なガスが溶け込んでいるため、割れ目があれば、ガスとマグマが爆発とともに大量に地上に一気に噴出し放出され、地殻表層部を吹き飛ばします。噴火が起こらない場合、マグマは次第に冷やされ、深成岩となります。

噴火が起これば、システムの破壊です。噴火とともに地震が発生し山体崩壊が引き起こり、噴出物で気候システムが寸断され、擾乱し、津波によって海洋循環システムも変化します。

システムの破壊

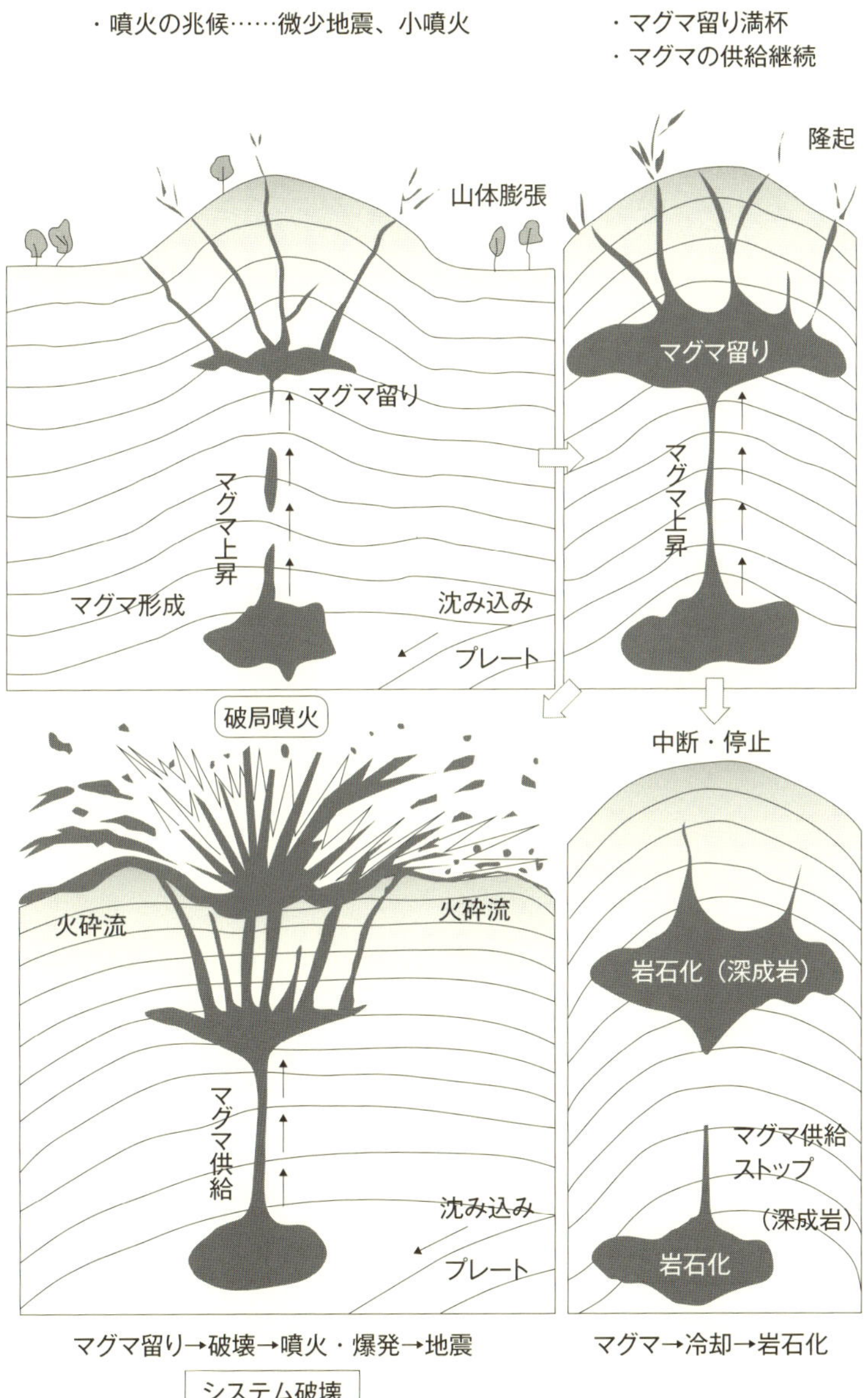
・噴火の兆候……微少地震、小噴火
・マグマ留り満杯
・マグマの供給継続
山体膨張
隆起
マグマ留り
マグマ留り
マグマ上昇
マグマ上昇
マグマ形成
沈み込み
プレート
破局噴火
中断・停止
火砕流
火砕流
岩石化（深成岩）
マグマ供給
マグマ供給
ストップ
（深成岩）
岩石化
沈み込み
プレート
マグマ留り→破壊→噴火・爆発→地震
システム破壊
マグマ→冷却→岩石化

このようにシステムのダメージに至る前までに、地震が頻発し、小規模の噴火が発生し、ガスが噴出し、地面が隆起するなどの兆候や地震波トモグラフィーによるマグマ溜りの分布図などでシステムの破壊の予測が可能になってきました。

温暖化による気候異変もシステムの破壊ですが、極端な気候変動の多発、北極の海氷の融解、凍土融解や大気中の二酸化炭素の濃度などで温暖化の進行状況を掴むことができます。徐々に起こっていくシステムの破壊です。

小惑星や隕石の衝突も突然ではありません。天体観測によって飛んでくる軌道と速度を知ることができます。太陽嵐は地球への粒子の到達に半日以上の時間がかかります。現代では観測によって精度の高い予測が求められます。

地球システムが壊れると地震や火山噴火、津波、異常気象が起こりやすくなるんだね

第4章

地震、津波とマントル循環システム

24 迫りつつある巨大地震と津波

２０１１年３月11日の東北地方太平洋沖地震は巨大地震と津波による大規模災害をもたらしました。犠牲者１万８４５７人、建築物の全壊・半壊は合わせて39万９９２３戸という甚大な被害となりました。まさに天変地異です。日本周辺での観測史上最大の地震です。また、津波で福島原子力発電所が破壊されました。復旧には長期間かかります。

日本海溝で太平洋プレート（岩盤）が北アメリカプレートの下に沈み込む際に生じた地震で岩手県沖から茨木県沖までの南北約５００キロメートル、東西２００キロメートルで日本の面積の四分の一に達する10万平方キロメートルという広大な地域が震源域でした。マグニチュード（M）９で、震源に近い海底では東に50メートル以上移動しました。各地で地層の破壊も大規模に起こりました。

日本の内陸部での最大級の直下型地震は１８９１年に発生した東海地方を襲ったマグニチュード８・０という巨大な濃尾地震です。根尾谷断層という地表地震断層が出現しました。福井県南部から岐阜県根尾谷を通り愛知県犬山東方におよぶ総延長距離約80キロメートル、横ずれ変位量８メートル、上下変位量６メートルにおよぶ大規模な断層です。

２０１６年４月に発生した熊本地震は、M７・３震度７に達し、甚大な被害を引き起こしました。

１９６０年のマグニチュード９・５という世界最大規模のチリ地震はチリ中部から北部にかけて長さ

南海トラフ巨大地震発生想定地域

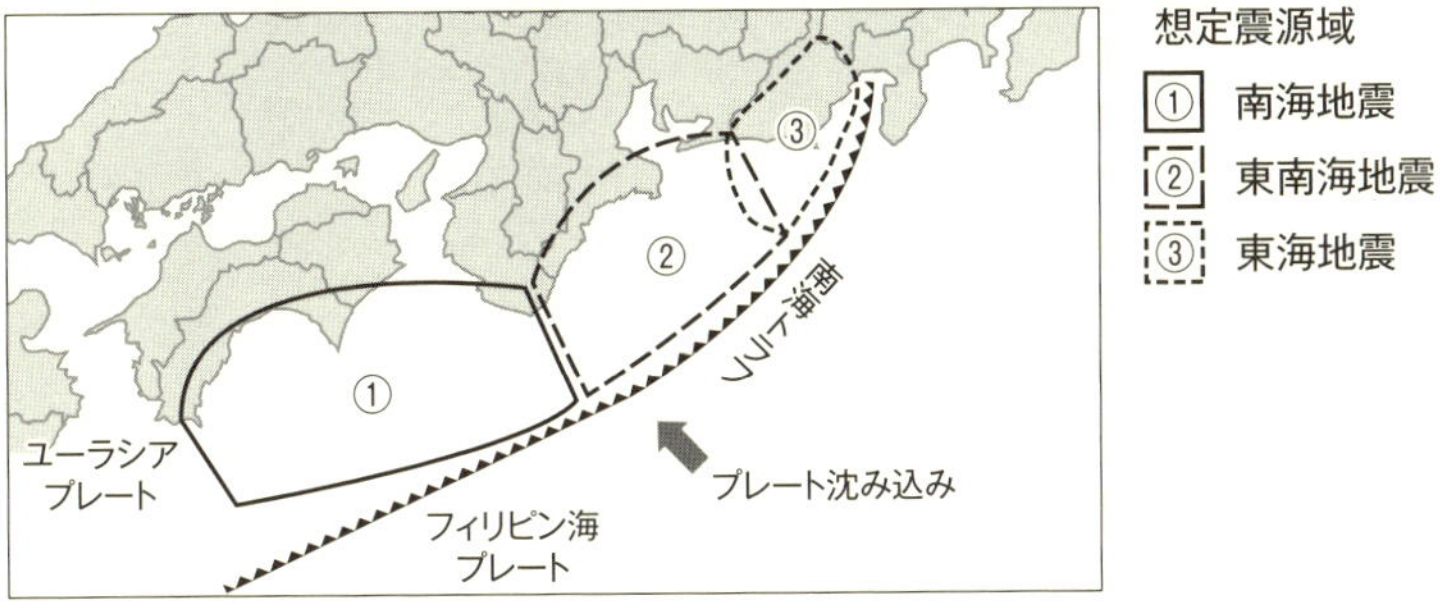

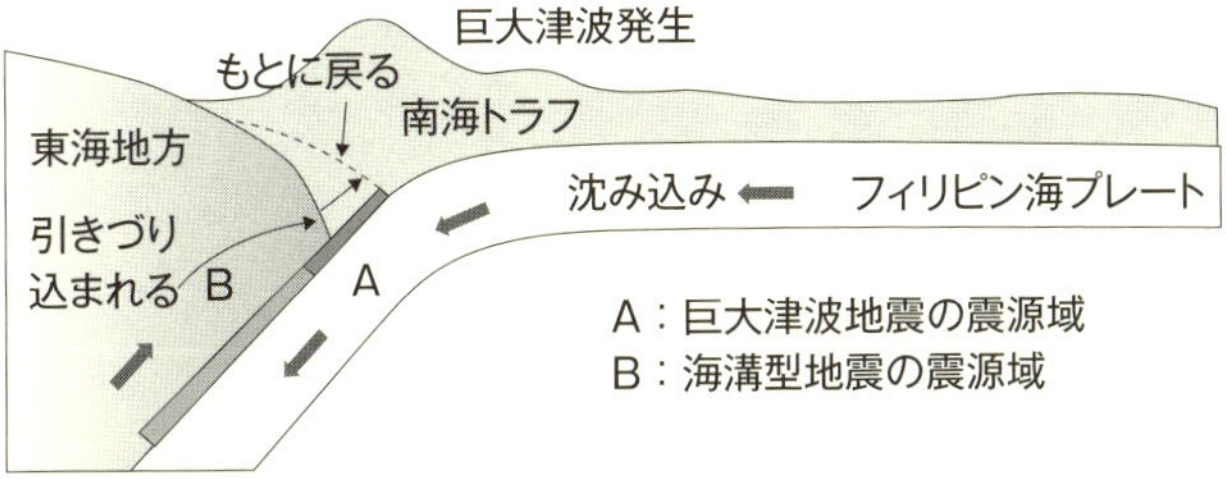

世界の巨大地震・津波

地震・津波	規模
2012・9月　スマトラ沖地震	インドネシア、M8.6。津波小規模
2011・3月　東日本大震災・津波	M9.0　犠牲者18457人。原発爆発
2010・2月　チリ地震・津波	M8.8　犠牲者800人、都市部大規模停電
2010・1月　ハイチ地震	M7.0　31万人。建物倒壊
2008・5月　四川大地震	M7.9　犠牲者7万人。インフラ破壊、建物倒壊
2004・12月　スマトラ島沖地震・津波	M9.8　犠牲者22万人。各地で津波
1995・1月　兵庫県大地震	M7.3　震度7。犠牲者6434人
1985・9月　メキシコ地震	M8.0　犠牲者1万人。建物倒壊
1976・7月　唐山地震	中国、M7.5。犠牲者65万人、全壊率94%
1964・6月　新潟地震	M7.5　建物多数倒壊、津波4m
1964・3月　アラスカ地震・津波	M9.2　地表11.5m隆起、津波発生、日本でも被害
1960・5月　チリ地震・津波	M9.5　津波発生18m、日本で6.1m津波被害

1000キロメートル・幅200キロメートル、断層のずれは20メートルと超巨大地震でした。地震後、18メートルの津波がチリ沿岸部を襲い日本を含めた環太平洋全域に津波が襲来し、多大な被害が発生しました。アタカマ海溝沿いのナスカプレートが南米プレートにもぐり込む境界で発生したのです。

地震が発生すると多くの場合津波を起こします。火山噴火や山体崩壊、小惑星衝突でも地震、津波は起こります。巨大地震・津波は、大規模災害になります。100年に数回は起こります。

数百キロにわたって海溝にプレートが沈み込んで東日本大震災のようなM9の巨大地震が日本周辺で起こる可能性が高くなってきています。M9の30倍以上のエネルギーを持つ超巨大地震となるM10の地震が発生する可能性もあります。

南関東ではフィリピン海プレートが相模トラフに沈み込む影響で、首都直下地震が発生すると予想されています。M7級の地震で発生の確率は30年以内に70%とされています。

なお、静岡県沖から四国沖の水深4000メートル級の深海溝（トラフ）を源震とする「東海」「東南海」「南海」の3つの連動する地震である南海トラフ地震の脅威が懸念され、M8~9クラスの地震で、千年に一度の発生といわれています。

フィリピン海プレートとユーラシアプレートの境界の沈み込み帯の南海トラフ沿いで引き起こると見られています。21世紀半ばまでの発生確率は、60%~88%とされています。津波は巨大となり、下田で最大33メートルの津波の大きさになり、最悪の犠牲者数32万人、避難者が最大950万人とされ、巨大な災害が予想されています。交通網やライフラインが広範囲でマヒすると想定されています。

巨大地震と津波は迫りつつあります。対策が進められています。

Column

宇宙ビジネスとスペースデブリの影響

宇宙への関心がビジネスとして高まってきており、4000基以上の人工衛星が地球を周回しています。宇宙ビジネスにベンチャー企業が参入し通信衛星、観測衛星など衛星ビジネスが拡大してきました。超小型衛星10センチメートル四方が1個100万円でつくられるようになってきました。米国宇宙ベンチャー企業は衛星打ち上げ後にロケットの1段目の機体を回収し、再利用し、衛星の打ち上げ費用を大幅に減らそうとしています。これまで約100億円とされてきた打ち上げ費用を10分の1にしようと技術革新がなされています。

宇宙ビジネスは毎年14%成長（2015年世界で18兆円の規模）しています。カーボンナノチューブを使う宇宙エレベーターも構想され、またNASAは火星旅行のため月軌道に中継基地構築を考えています。

『ゼロ・グラビティ』は2013年公開の宇宙を舞台にしたSF映画です。膨大な量のデブリ（宇宙ゴミ）が高速で接近し、地上600キロメートルのスペースシャトルに衝突、破損し、船内の宇宙飛行士は死亡し、船外作業を行っていた女性宇宙飛行士が暗黒の宇宙に1人放り出され、遊泳しながら破損し無人の中国のステーションのなかの宇宙船を切り離し、地球へ無事帰還するという壮絶なサバイバルの物語で、宇宙ゴミの破壊力と宇宙空間での生死の緊迫感を生々しく描き“宇宙は夢の場所ではない”ことを伝えています。

現在4500トンのスペースデブリが存在し、秒速8キロメートルで飛んでいます。直径が10センチメートルほどあれば宇宙船は完全に破壊されます。米国とロシアでスペースデブリの監視が行われていますが、10センチメートル以上のデブリだけでも9000個もあり、周回しています。宇宙ビジネスが拡大すれば　スペースデブリの脅威に曝され、危険が増大します。

25 地震、津波の発生のメカニズム

地層は少しずつ力を加えると曲がり、ひずみを生じます。そのひずみの限界で地層はずれ動き、破壊され、地震が発生します。地震は断層運動です。破壊（断層）面を境に、急激な地層のずれで振動が生じ、地震波となり、伝搬され、波が地表まで達し、揺れを感じます。亀裂が生じると、このときの衝撃が、揺れを引き起こす波となり、地表に届き、振動します。揺れが大きいと建物・構造物の破壊になります。

発生する地震は各所に設置されている地震計によって、地震が発するエネルギーの大きさを、すなわち破壊の強さと震源の位置を算出しています。地震が発生したときの岩盤のずれ（断層）が生じた領域のことを震源域といいます。

プレートテクトニクスにより、プレートは大陸を動かします。岩盤のプレートはマントル対流によって年間数センチメートルから10センチメールの速度で移動しています。プレートは大陸の縁にある海溝に潜り込みます。造山運動、火山、断層、地震等の種々の地殻変動の場となります。境界部分にぶつかり沈み込んでいきますが、このときに圧縮が生じ、プレートが強い力に耐えきれず、極限まで達してしまうと、戻る場合の反動で、あるいは破壊され断層が生じ、地震が起こります。大きな地震が発生すれば、海底が隆起し、あるいは沈降し、それに合わせて海面が変動し、津波となり、伝播していきます。

地震と津波

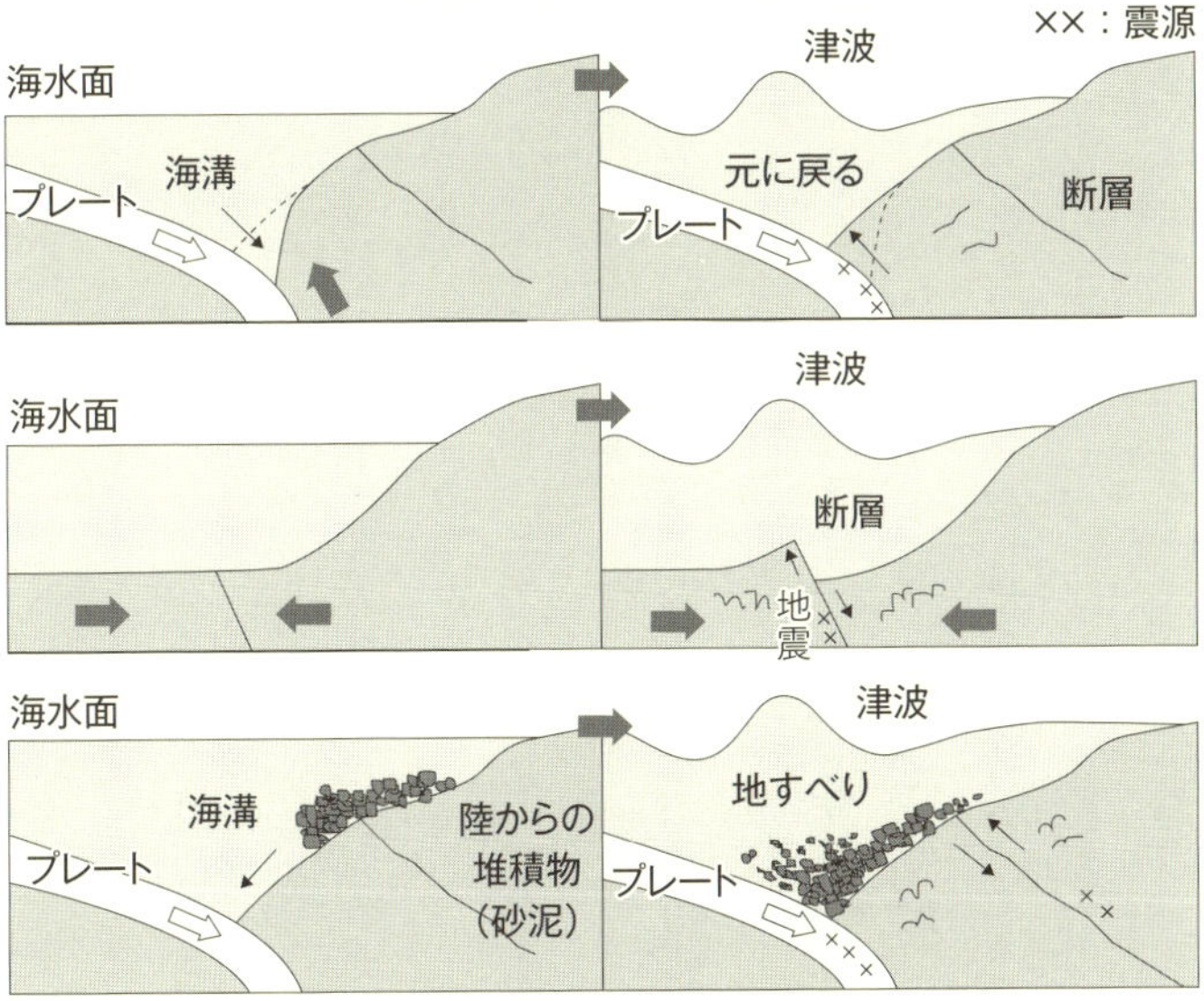

地震津波といい、波高は数メートルから数十メートルで、大規模になれば、遠方まで伝わっていきます。遠隔地津波は、地震が生じなかった地域でも津波に襲われることをいいますが、チリ地震では太平洋を伝搬し、日本の沿岸に津波が到達しました。これが遠隔地津波です。

津波は平均水深４０００メートルの太平洋上で進行速度は時速７２０キロメートルと、猛スピードです。津波は海が深いほど伝播速度は早まります。水深が浅くなれば速度は遅くなります。

なお大陸斜面に累積する膨大な堆積物が、地震の発生で地滑りを起こし、一気に海溝へ下り、衝撃で津波が発生するという説もあります。

プレートテクトニクスによるプレートの運動により、地震が発生し、そのあとに津波が起こります。地震と津波はリンクしています。津波の大きさも地震の大きさと密接です。

26 プレートの特徴とその動くスピード

プレートは岩盤で、地層と火成岩などの岩体からなり、地殻とマントルの最上部を合わせたもので大陸プレートと海洋プレートからなります。マントルの対流で、プレートが動き、水平方向に常に移動します。プレートテクトニクスによる動きです。

マントルが地下深部から上がってくる中央海嶺で、一部溶融したマントル物質が上昇し、プレートが作られていきます。中央海嶺では玄武岩質の火山活動が起こり、プレートの上に溶岩が流出し、火山物質が噴出します。これが海洋地殻となり、マントル対流により中央海嶺の両側に移動し海底が拡大していきます。海洋プレートの厚さは6キロメートル以上で、最大70キロメートルです。

海洋プレートは移動し、大陸地殻すなわち大陸プレートと衝突し、マントルの沈み込みとともに大陸プレートの縁にある海溝で沈み込みます。海洋プレートは大陸プレートよりも強固で密度が高く、二つのプレートがぶつかるとき、海洋プレートは大陸プレートの下に沈んでいきます。地表から、地震波速度の境界で、地殻とマントルとの境界のモホ面（モホロビチッチ不連続）までが地殻です。大陸地域で約30キロメートル、その下がマントルです。地上から１００キロメートルの深さに地震波の低速度となる柔らかい層があり，その上が硬いプレートです。プレートが沈み込むと、大陸近くには海洋地殻の一部が剥ぎ取られ付加体となります。沈み込み帯

プレートとスピード

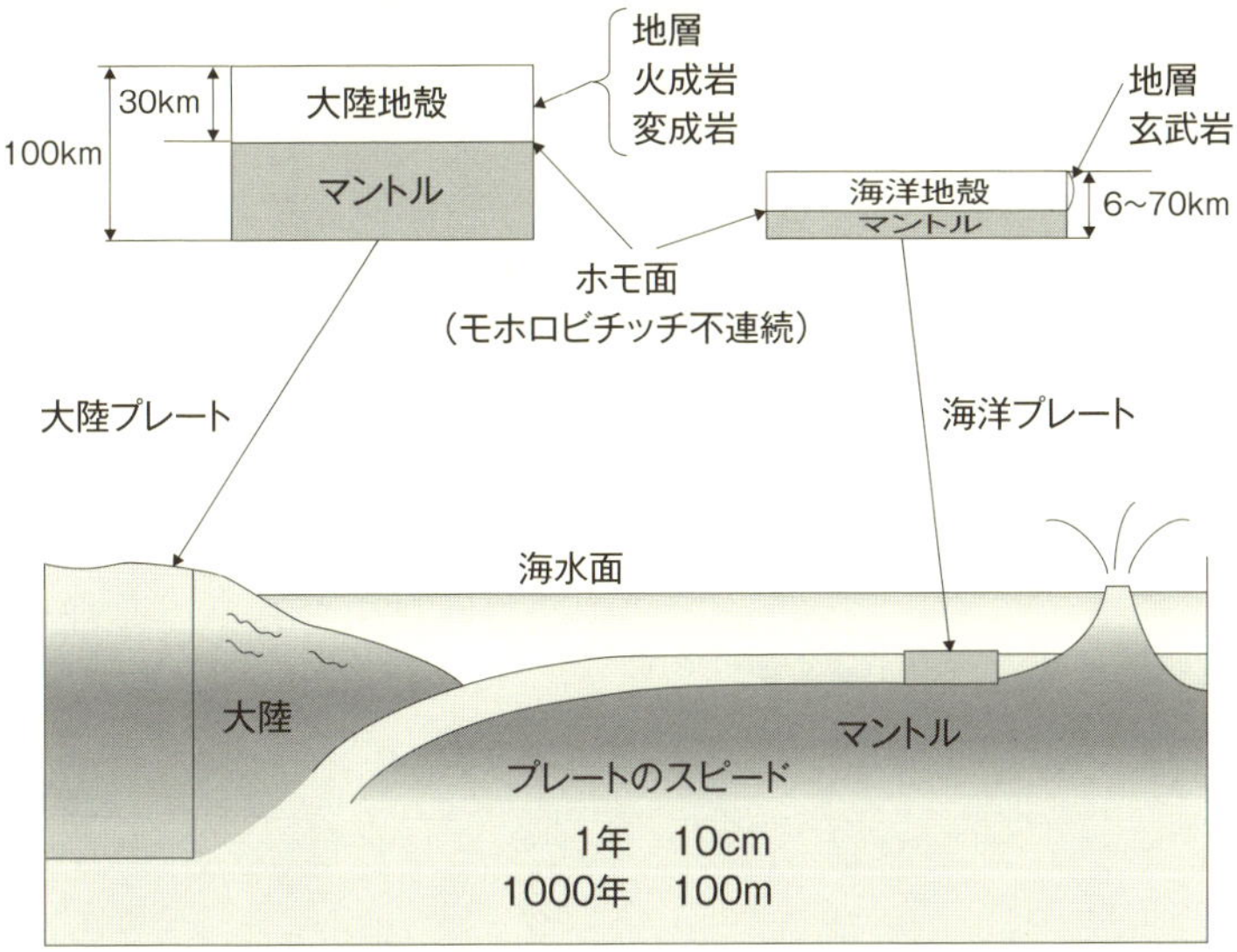

の上部ではマグマが発生し、火山活動によって島ができます。

１９８０年以後ＧＰＳなどの衛星を利用した測地技術により、プレートの速度データが増え、プレートの運動がわかってきました。

太平洋プレートは11センチメートル／年、ナスカプレートは４～５センチメートル／年です。フィリピン海プレートは３センチメートル／年です。フィリピン海プレートは南海トラフで年３センチメートルの速度で沈み込んでいます。ハワイ島は、年間10センチメートルの速度で日本に向かっています。

プレートは各プレートで動くスピードが相違しますが、年間数センチメートルから10センチメートルほどの動きです。ＧＰＳ衛星の電波を利用し、音響測距観測と組み合わせ、陸上基準点と海底基準点の間の距離を計測することによって地殻変動やプレートの精度の高い動きのデータが得られていきます。

27 プレートテクトニクスとマントル循環システム

プレートテクトニクスは、地震、火山、大陸移動、海洋底拡大などの現象を生み出すプレートの運動です。中央海嶺で、マントルから熱い物質が湧き出し、海水で冷やされ、固化してプレート物質となります。

海洋プレートは、中央海嶺で生まれ、地層などが載り移動し、重くなり、海溝からマントルへ沈み込んでいきます。海溝からマントルと大陸の境界から、マントル内に入ります。プレートは地層などと一緒になって沈み込んでいきます。一部の地層は付加体として地殻の一部になります。

なお、ホットスポットはマントルから熱いマグマが上昇し、厚さ6~100キロメートルのプレートを貫通して地表にマグマが溢れ出す現象です。ホットスポットもマントルの活動ですが、マントル対流との関係はわかっていません。

マントル対流は、マントル中の温度差によって引き起こされます。マントル物質はゆるやかに対流します。大陸移動や造山運動の原動力ともなっています。マントルは、岩石でできた領域です。地球の体積の約8割がマントルで占められます。マントル対流は地球深部から宇宙空間への熱の輸送手段で「岩石が固体の状態で流動する現象」です。マントル対流は，地震、火山、プレート運動にかかわります。

地震波トモグラフィーで，マントルの内部が対流しているようなイメージが得られるようになってき

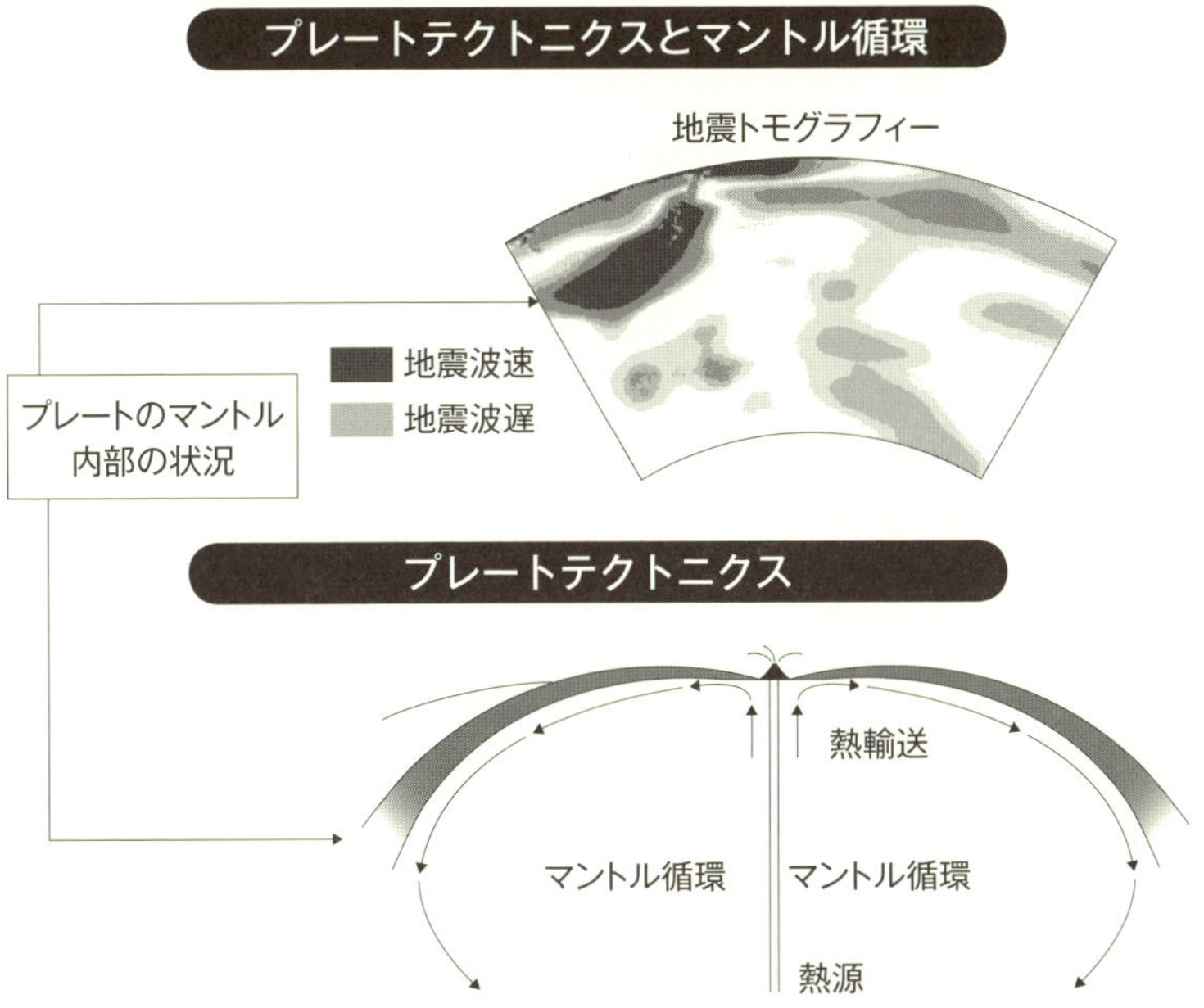

ました。マントルの内部は高温で，マントル最深部は約３８００℃と推定されています。ただしマントルの内部では高い圧力のため，大規模な岩石の溶融は起こっていません。

マントル内の地震波の伝播速度の相違はマントル最上部（P波８㎞／秒、S波４・５㎞／秒）とマントル最下部（P波14㎞／秒、S波７・５㎞／秒）で相違します。マントル流体は、粘性率が非常に高いため、マントル対流は極めてゆっくりとした速度での流動です。流体マントルの中では、水平方向に密度不均質を解消しようとする流れが発生します。

「マントルに沈み込んだプレートはどこへ行くのか」まだよくわかっていません。地震波トモグラフィーや地震波などからマントル循環システムが形成され、プレートは海溝に沈み込んで、マントルに混ざりながら、再び海嶺からマグマとして溢れ、プレートになって移動していくと考えられます。

28 海底が広がる、大地が裂ける、酸素が地球外へ流出？

海嶺は、マントルが地下深部から上がってくる場所で、海洋プレートがつくられ、海洋底が、拡大するところです。大規模な海嶺を中央海嶺といい、海底山脈が何千キロメートルも続き、麓での水深が5000メートルほどの深海です。

裂け目である海嶺の直下のマントルが上昇し、海洋プレートはつくられながら、両側に引っ張られ拡大していきます。マントルに部分融解が起こり、マグマとなって、火山活動が発生します。大規模な海底山脈（中央海嶺）をつくり、海洋地殻が生成されていきます。

海嶺の海底山脈は、玄武岩質の火山活動です。溶岩が流出し、火山物質が噴出し、火山堆積物が重なっていきます。溶岩は表面が海水で急冷されるため、枕を積み重ねたような形になる枕状溶岩です。

中央海嶺では、海洋底の岩石の磁気（地磁気）の測定によって、海嶺の両側で対象的に岩石の磁気の逆転が繰り返されています。岩石に残された地磁気の記録が海嶺での海洋底拡大の証拠となりました。

地球は一つの巨大な磁石です。中心の外核は液体金属（鉄）でできており、溶けた鉄の動きが磁力の原因と考えられています。北極点付近にある北磁極がS極、南極点付近にある南磁極がN極です。

地磁気逆転現象は、過去360万年の間に11回起こっています。逆転現象の時期、逆転の期間、原因は不明です。最後の磁気逆転の時期は約78万年前で

地磁気の逆転と海底拡大

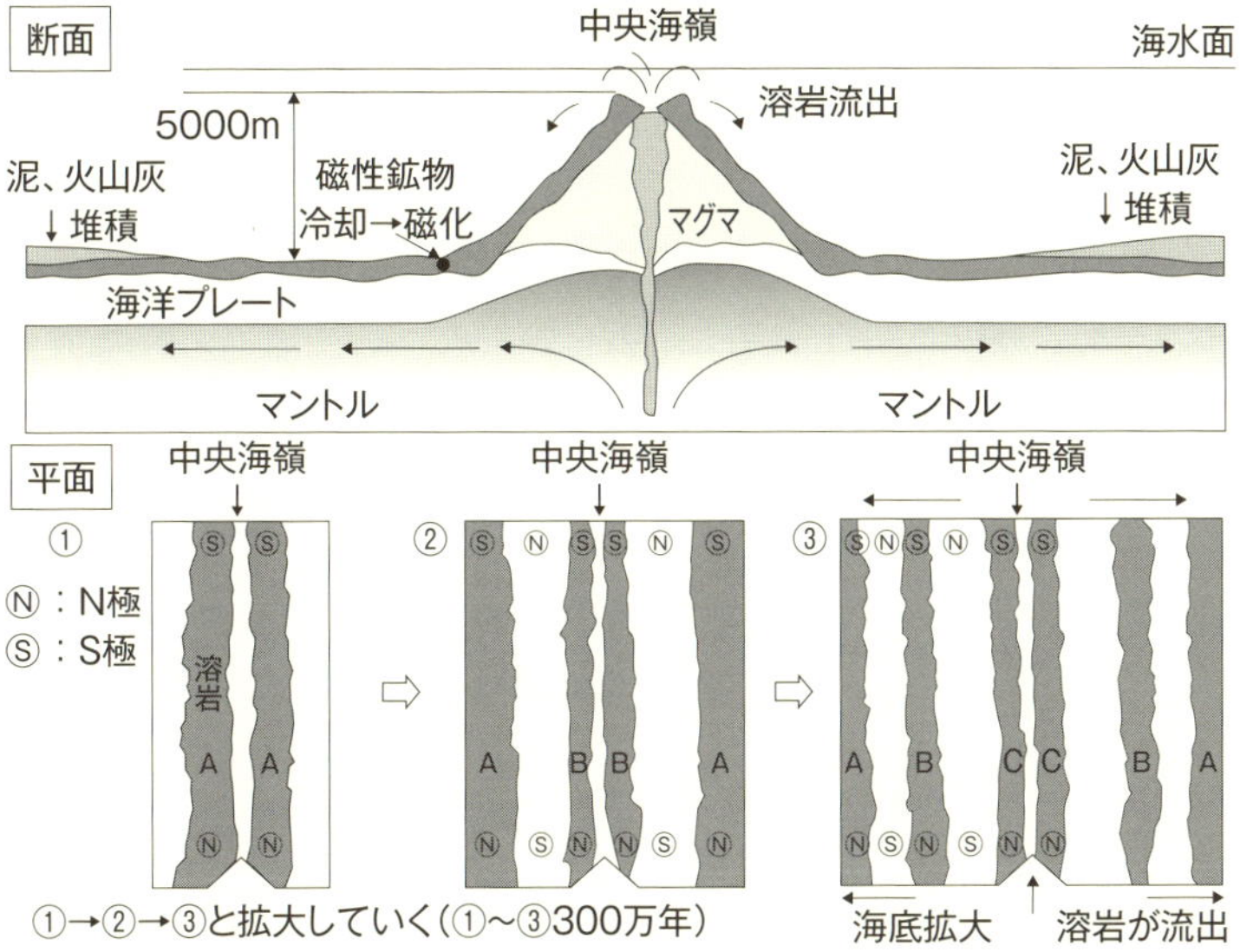

すから、いつ起こってもいい時期にきています。

地磁気は、マグマが冷却・固結するとき磁性を帯びた鉱物が地磁気の方向に並んで帯磁しますから、地磁気からプレートの拡大が読み取れます。

地球の磁場はこの1000年間に急速に減少し、地磁気が弱まってきているといわれています。地磁気は、宇宙空間の高エネルギーの放射線を防いでいます。地磁気が減少していけば、生物は突然変異を起こし、磁場が逆転する時、「酸素が地球外へ流出」という説もあり、そうなれば天変地異になりかねません。しかし、地磁気の減少の影響についてはよくわかっていません。

アイスランドでは大西洋中央海嶺が島の真ん中を南北に横切っており、大地が裂け地溝帯となり玄武岩質の溶岩で埋められ、溶岩が溢れ出しています。地溝帯に沿い、時には数キロメートルにおよぶ長い裂け目ができ、溶岩が噴水のように噴き出します。

29 地層・資源の形成における循環システム

27億年前からプレートテクトニクスによって大陸は動き、衝突、合体、分裂を繰り返してきています。大陸が衝突すれば地下深部でマグマが生じ地上で火山活動が起こります。大陸の分裂も地溝をつくり火山活動の場になります。大陸の縁は海洋プレートの沈み込む場となり、マグマが発生し火山活動が起こります。海洋プレートが生成される中央海嶺も火山活動の場です。地層は大陸でも海底でも形成されていきます。

大陸を構成する地層や岩体は風化し、削剥され、石や砂、泥の砕屑物は川や風によって運搬され、川底や海底などに堆積します。火山噴出物も同様に堆積し、地層となり、累積していきます。地層は造山運動の影響で隆起し、海底から陸上となり、同様のプロセスを経て、海底などに再び堆積します。これを繰り返しています。地層の循環システムです。

海洋プレートが生産される中央海嶺でも火山活動で地層を形成し、累積し、プレートが動きながら遠洋性の堆積物が累重し、運搬され、地層は大陸からの地層と一緒になり海溝に沈んでいきます。沈み込みながら、付加体として剥され、分断されれば、大陸に付加され、前述の循環に組み込まれていきます。花崗岩のような岩体も地表に現れ、風化、削剥を受ければ、同じように砂や泥となり海に運搬され、地層の循環システムとして地層になり、やがて陸上に現れます。

資源の循環システム

①鉱床形成　②大陸で沈み込み

∵ 金属　　一部付加体、一部マグマによって溶け、上昇し、再形成

鉱床　　③鉱床が地表に露出、金属が海へ①②③と循環

①

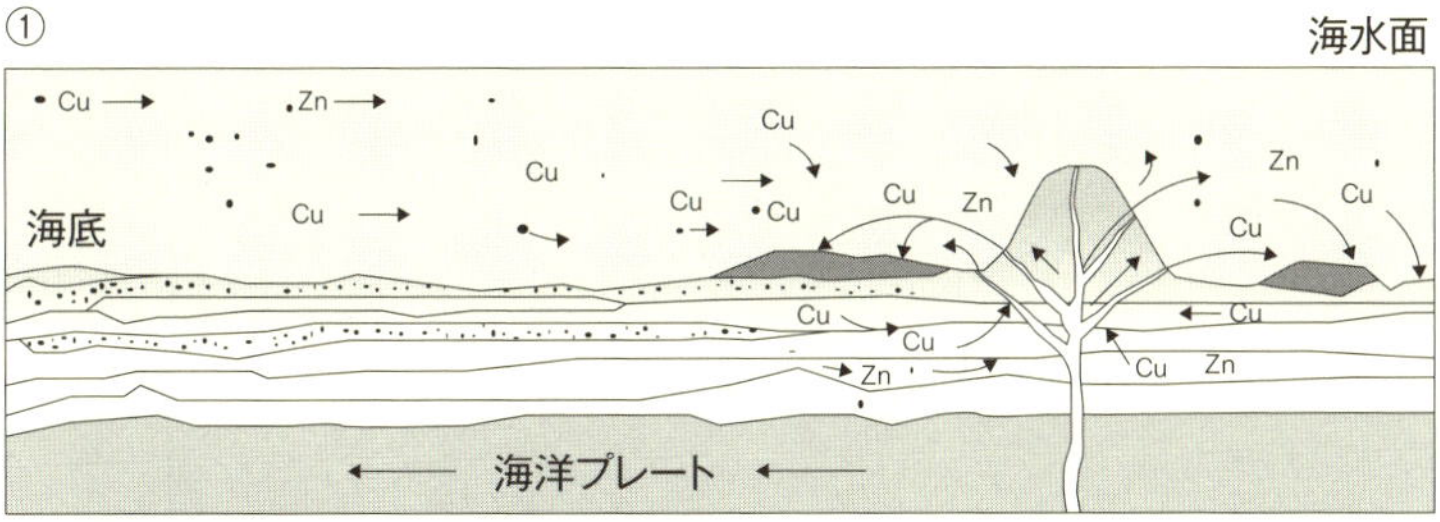

・海水中の金属イオンが堆積物に浸透していく
・火山活動にともなうマグマの上昇とともに金属が取り込まれ、火山の熱水の噴出で海底に金属濃集

② 大陸

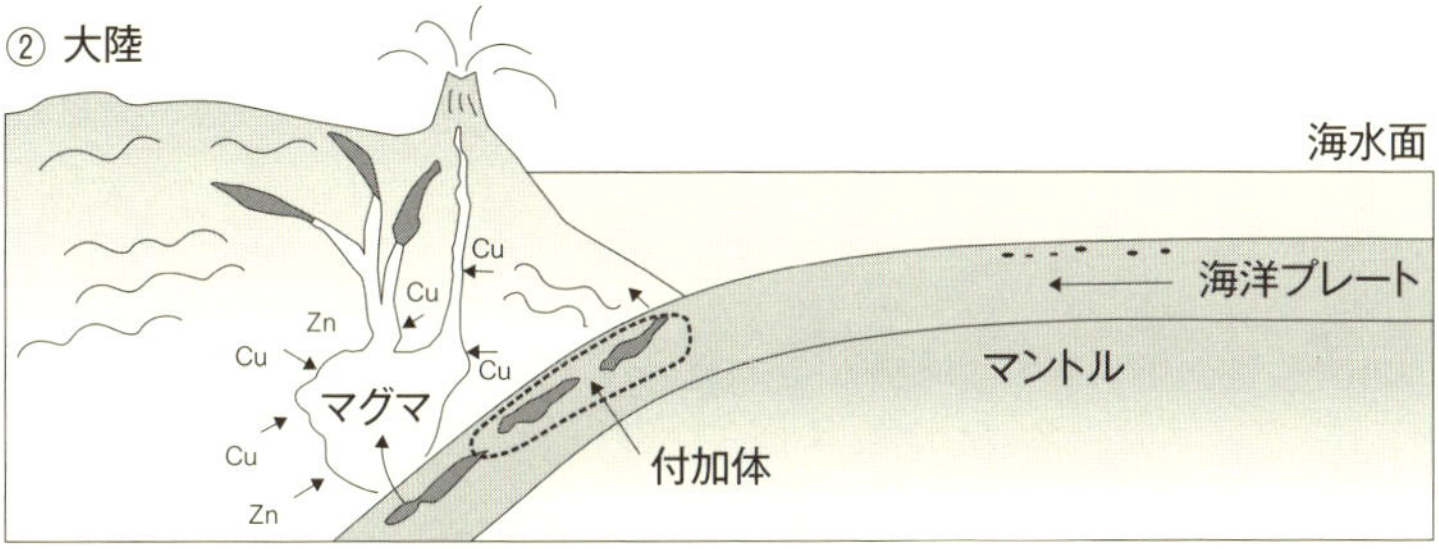

・付加体の一部として大陸や島弧の一部となる
・マグマに Cu、Zn が取り込まれマグマとともに上昇し、金属濃集

③

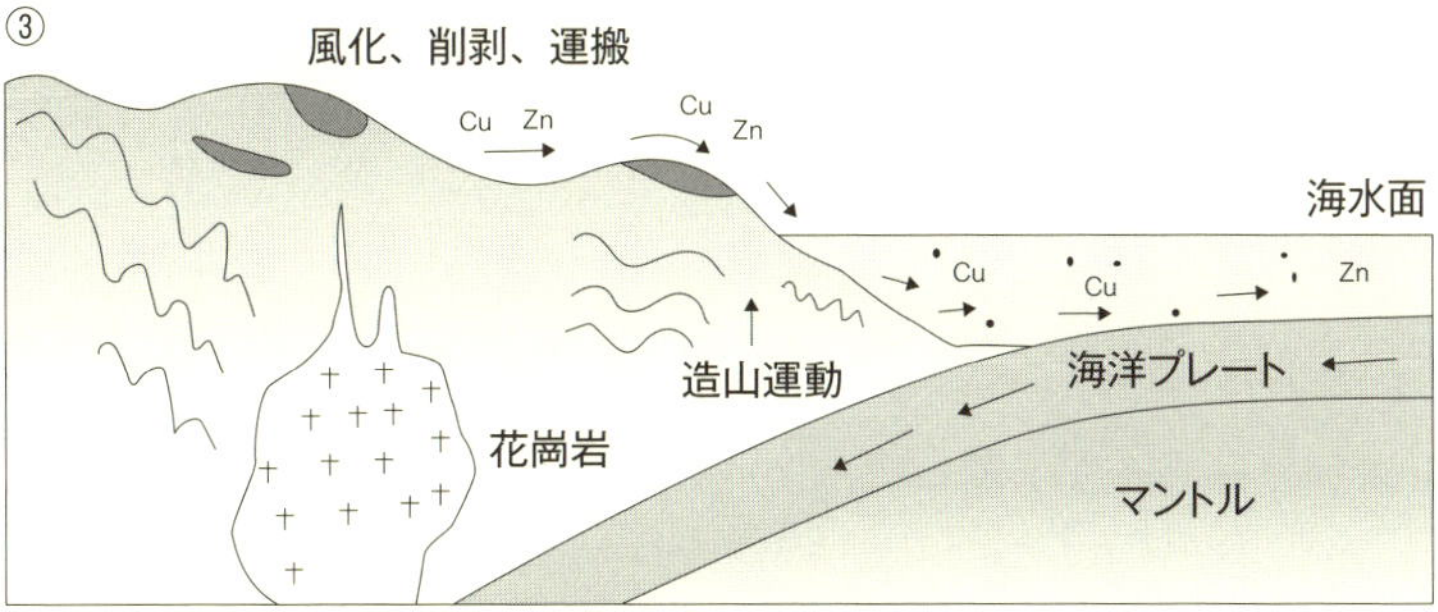

・造山運動により金属が濃集した鉱床が地表に露出
・鉱床が地表で風化、削剥され鉱物または金属イオンとして海洋に運搬される

地層も岩体もプレートテクトニクスのメカニズムによって生産され、循環しています。

化石資源を除き、金属資源も同様に多くは循環システムの中で形成されていると考えられます。大陸の生成や大陸の分裂、移動を引き起こすプレートテクトニクスに関係したマグマの活動により、散らばっていた元素が結合し、溶融し、資源が形成されています。それぞれの元素が地質環境に応じて元素どうしが結合して安定な姿の金属鉱物を生成し、濃集します。再びマグマの活動により、資源は溶け、移動し再び安定した金属鉱物となり濃集して、資源となり、地表に露出すれば、風雨にさらされ、削られ、酸化したり、水で流され、溶出し、海洋へ運搬されます。

海水中には様々な金属元素がイオンや錯イオンの状態で溶存しているとみられています。金、ウラン、銅、亜鉛、マンガン、コバルト、リチウムなどほとんどの金属が海水中に溶存します。

海底において海嶺などマグマ活動のある場所にこれらの元素を溶かし込んだ海水が染み込み、マグマによって熱せられた海水は、マグマの活動とともに海洋地殻に含まれている金属元素と一緒にマグマに取り込まれ、海底火山活動とともに金属を含んだ熱水が上昇し、噴出しながら海水で冷却されて金属が、金属化合物として生成し、沈殿し、亜鉛、銅などの濃集した海底熱水鉱床が生成されます

海底熱水鉱床は堆積物に覆われながら移動し、海溝で地層と一緒に沈み込み、マグマ活動で、海底熱水鉱床が、上昇しながら変形したり、分断したり、溶かされたりして、熱水鉱床などをつくります。再び地上に現れ、陸上に露出した鉱石の金属は海水に溶けていく、というように金属が循環していると考えられます。資源もプレートテクトニクスの影響で循環システムのなかで形成されます。

Column

隕石衝突の現実性

ロシアのチェリャビンスク州で2013年2月15日に隕石が、超音速で地球の大気圏に突入後、分裂しチェバルクリ湖に落下しました。10%の金属鉄を含む隕石は、直径50～90センチメートル、重量約600キログラムと推定されています。周辺に人的被害と自然災害を及ぼし、爆発の威力は広島型原爆の30倍以上（NHK）であったといいます。分裂せず地表に落下すれば、直径100メートルのクレーターが生じ、壊滅的な被害になったと推定されました。

巨大な天体が衝突した場合、その衝撃によって、クレーターができ、津波、森林火災などが起こります。直径数メートルでも恐るべき破壊力です。隕石が1キロメートルの大きさだと、地球を滅亡させるだろうといわれています。米国は、直径200メートルの隕石が大西洋の真ん中に落ちた場合、沿岸部で高さ200メートルの津波が発生し何億の犠牲者が出ると推定しています。直径1キロ以上で地球に衝突する可能性がある小惑星は1227個と推計され波高も巨大になり、破壊力もすさまじいものです。21世紀中に直径1キロ以上の小惑星、隕石が地球に衝突する確立は、5000分の1であると推定されていて（米国プリンストン大グループ）直径100メートル程度の隕石が地球に衝突する確率は、数百年に1度といわれています。水素爆弾に匹敵するほどの大規模な超巨大爆発です。

地球に衝突する可能性が高い小惑星などが見つかった場合、ロケットで、粉々に爆破するか、推進ロケットを付けて軌道を修正するかなどが考えられています。日本では、日本スペースガード協会が危険な天体の発見と監視をしています。

年間500個程度の隕石が落ちています（陸地では150個）。隕石衝突の危険は現実のものです。

30 火山活動とプレートテクトニクス

火山活動は、プレートテクトニクスと密接に関係します。プレート運動において火山活動の場所は決まっており、3か所あります。

1つ目はプレートが拡大しているプレートがつくられる海嶺で、地殻が裂けつつある地溝です。

2つ目はプレートが沈み込み、消失する海溝付近です。3つ目はプレートを貫き、マントルからマグマが噴き上がるところでマントルプルームといいます。海嶺での火山活動はすでに本章の28項で説明した通り、地溝や中央海嶺に沿って玄武岩質の溶岩が噴き出します。プレートに沈み込むところでは、海洋プレートが大陸プレートの下み込みながら、その上部で大陸地殻の地層や岩体が溶けだし、マグマが生成します。マグマは、上昇していき、地表近くでマグマが溜まっていきます。満杯になるとマグマはさらに上昇し、岩盤を壊し、地表から急激に溶岩や火山灰が噴出して噴火活動が引き起こります。噴火の仕方，噴火の継続期間、マグマの粘性など火山ごとに相違します。ふつう火山体の直径は大きくても数キロメートルです。日本は変動帯にあり、プレートの沈み込む地域で火山活動の場です。

マントル内から発生する流動化したマントル物質が上昇し、プレートを貫き湧き上がってくるところがホットスポットで溶岩が噴出します。火山は、ホットスポットの直上にできます。

このように火山活動とプレート運動は一体です。

プレートテクトニクスと三つの火山活動タイプ

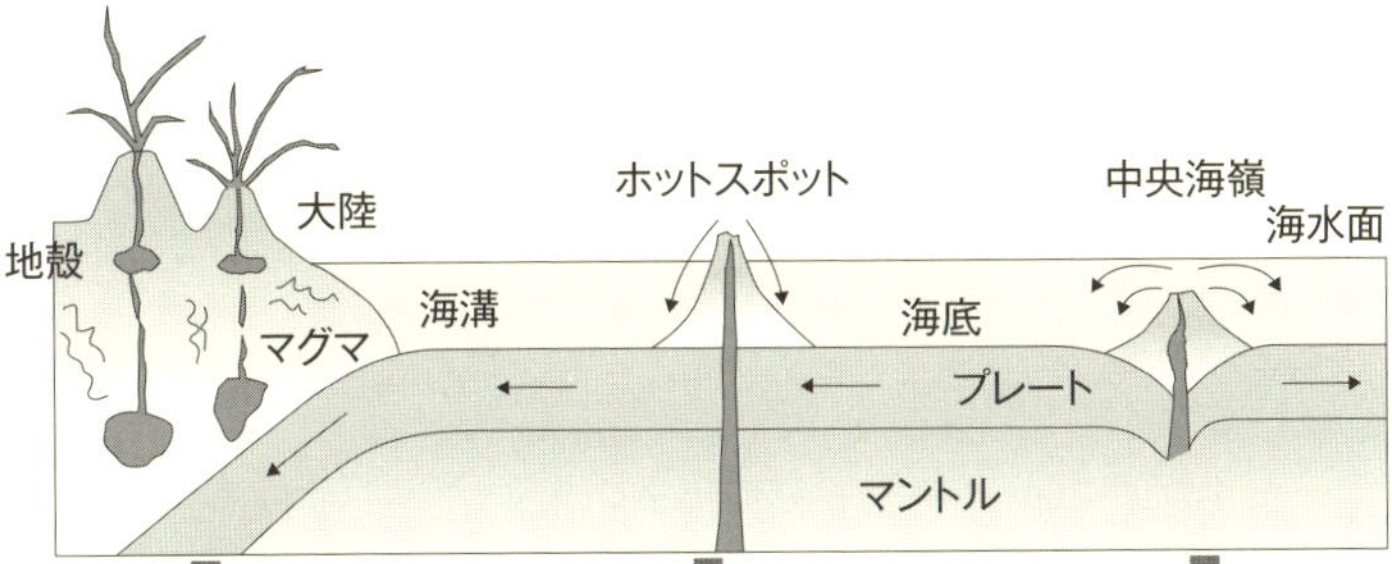

海溝型	ホットスポット型	海嶺型
大陸の縁、変動帯、日本列島など	ハワイ島など	中央海嶺 アイスランド
プレートの沈み込む場所	プレートを貫くマントルプルーム	海底の拡大場所 マントルの湧き出し口
地殻がマグマ化し噴出	マントルがマグマ化し噴出	
主として安山岩	玄武岩	玄武岩

枕状溶岩

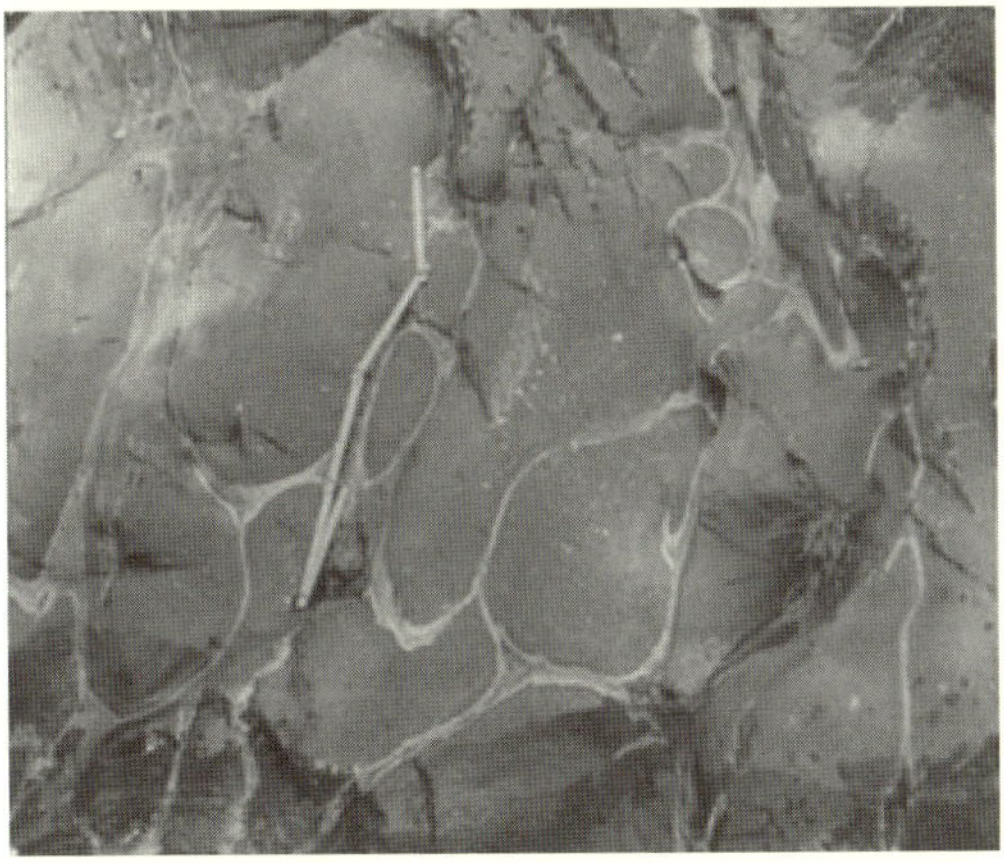

枕状溶岩―埼玉県秩父市横瀬町
海底で高温の溶岩が噴き出し海水に触れて急速に冷され、筒状の薄い殻ができ、枕を積んだような姿になります。この溶岩は海嶺付近の海底火山で、日本列島までプレートで運ばれ、海溝で付加体となり、やがて地上に上昇してきました。

Column

日本列島の天変地異

日本を舞台とした『日本沈没』（小松左京、光文社カッパノベルス、1973）は地殻変動にともなう天変地異によって、日本列島が海面下に沈没する、という400万部の大ベストセラー小説です。大地震、大噴火、大津波などで天変地異となる大規模災害への不安と恐怖心が呼び起こされます。当時世界に広まりつつあったプレートテクトニクスを日本沈没の理論としています。

一方石黒耀の『死都日本』（講談社2002）は火山による大災害を描いたベストセラー小説です。破局噴火という超巨大噴火、巨大火砕流噴火を起こして南九州が壊滅するという近未来小説です。科学的な根拠、最新の火山学的知識を土台に描かれているため火山爆発、火砕流および大災害の実態が、現実感に溢れ、噴火の脅威が伝わり、天変地異が具体的イメージとなります。さらに東海地震をテーマにした『震災列島』（講談社2004）は、日本を襲う巨大地震による災害を大都会の名古屋を舞台として、南海トラフに沈むフィリピン海プレートに起因する東海地震を描いています。浜岡原発の炉心融解、メタン・ハイドレート層の大規模破壊による暴噴や名古屋の大地震で崩れていく姿が表現され、大災害での都会の脆さが露呈されています。

日本列島の沈没は差し迫った脅威ではありません。「何億年に一度」という天変地異かもしれません。しかし、阪神・淡路大震災の4万倍のエネルギーといわれる姶良火山の噴火は、数万年に1回の頻度で十分起こり、また東海地震は、差し迫ってきています。

これらの小説は天変地異のシミュレーションで、プレートテクトニクスが深く関係します。最新の科学の知識をふまえ、「巨大噴火や地震が起きたらどうなるか」という日本列島の天変地異の具体化です。

第5章

地球温暖化が炭素循環システムを破綻させる

31 炭素循環システムの破綻の現実

地球温暖化は、二酸化炭素などの温室効果ガス（温室ガス）の大量の排出です。二酸化炭素の排出は人類生存の許容量を超える状況になりつつあります。超過すれば、人類にとって未知の世界となり、どんな災害をもたらすか、誰にもわかりません。人類存続にかかわる危機的状況になるだろう、と予測されています。

温室ガスの二酸化炭素はCO_2でメタンガスは、CH_4です。いずれも炭素化合物です。石油や天然ガスを燃やすとCO_2が大量に排出されます。温室ガスは、二酸化炭素、メタン、亜酸化窒素、フロンガスからなりますが、二酸化炭素が地球温暖化へもっとも大きく影響を及ぼします。温室ガスの70％が化石燃料由来の二酸化炭素で、石炭や石油など化石燃料の利用が大半です。これらを燃やせば大量の二酸化炭素が大気中に放出されます。このほか火山活動により地中から大気へ二酸化炭素が放出されます。人類を含めた生物活動や自然現象によって大気中に二酸化炭素が溢れています。

二酸化炭素は空中に残留し、陸上では植物の体内に炭水化物として炭素が固定されています。また海中に溶け込んで二酸化炭素は、生物の骨格などを経て、石灰岩となり、固定されます。大気中に放出された二酸化炭素は、地球の上空、地上、地中、海中と化学化合物、有機物などに姿を変化させ、再びCO_2になって放出される、という炭素循環システム

人類が排出したCO_2量（炭素に換算）

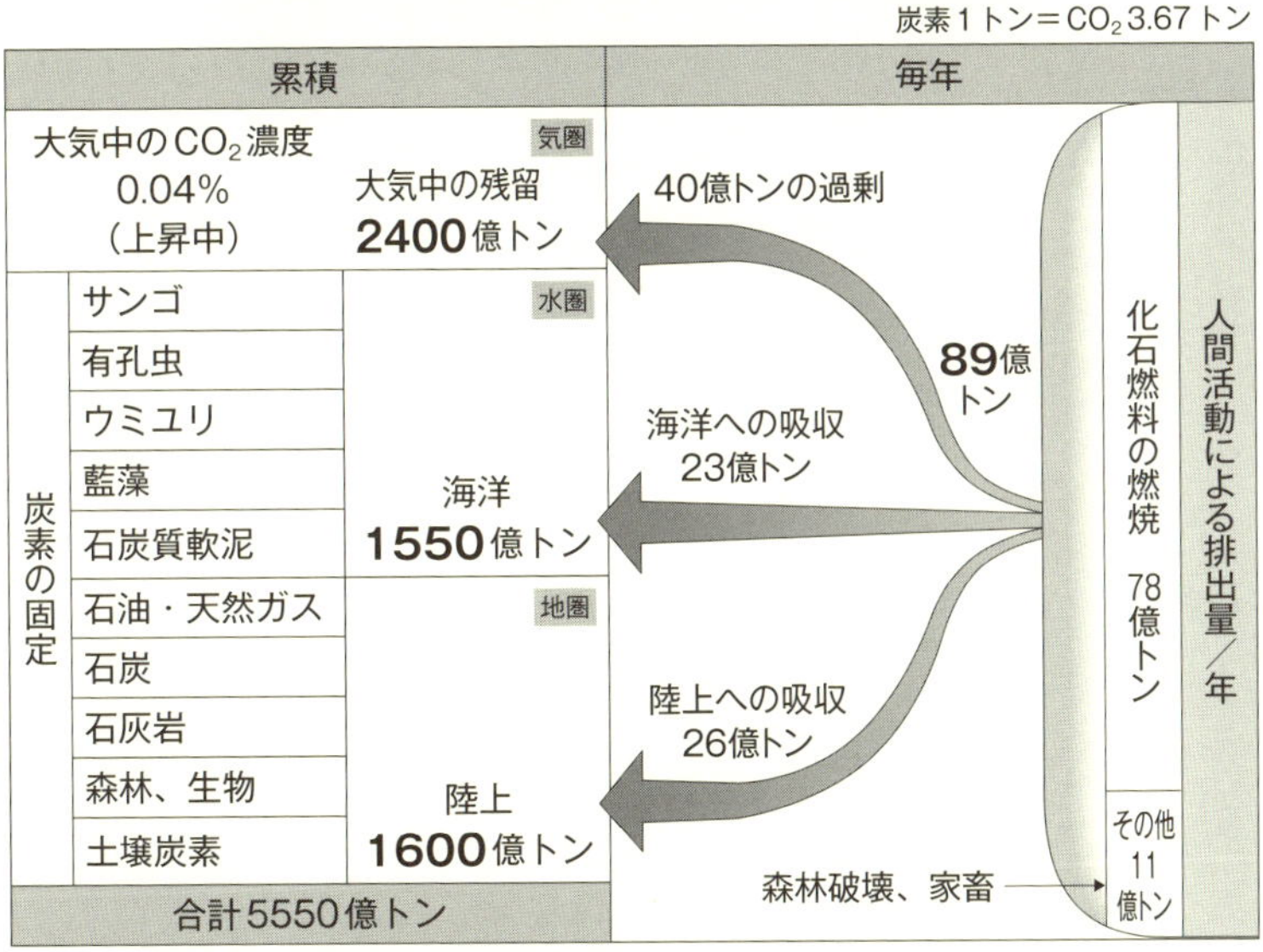

数値：IPCC第5次評価報告書、朝日新聞「科学の扉」（2015年2月23日）

が成り立っています。

システムにおいて炭素は気圏、水圏、地圏および生物圏を移動しながら循環しています。移動とともに各圏は炭素の貯蔵の場でもあります。移動に伴う変化は気の遠くなるような時間の中で行われています。二酸化炭素が植物になり、その植物が炭素からなる石炭になります。海中の微生物も炭素がその構成元素であり、海底に埋没し、石油に変わっていきます。炭素はあらゆる生物の構成員となります。

また海中のCO_2が海底堆積物とともに海底を移動し、海溝に沈み込みながらプレートとともにマントルまで到達し、マントル内で高温、高圧を受け、ダイヤモンドになり、やがてキンバレー岩などに含まれて地上に噴出してきます。

このように炭素はそれ自体でも存在し、変化しながら地球の歴史を通して、プレートテクトニクスや気候システムなどを構成する地球システムの中で循環しています。

しかし、人為的な行為がこのシステムを狂わしています。「人類がこれまで出したCO_2は、化石燃料と森林破壊などを合わせ５５５０億トン。約１５５０億トンが海洋に取り込まれ、約１６００億トンが陸上の生態に蓄積したが、約２４００億トンが大気中に残った。大気中のCO_2濃度は４００ppmと増え、過去80万年にない水準に達した」（数値は炭素換算で炭素１トンは二酸化炭素CO_2になると３・67トンとなる。ＩＰＣＣ第五次評価報告書に基づく）。地球環境の悪化です。

すなわち毎年炭素換算89億トンの二酸化炭素が排出され、このうち化石燃料からが78億トンを占めています、陸上で26億トン、海洋で23億トンが吸収されていますが、差引毎年炭素換算で40億トンの二酸化炭素が過剰となり空中に残留します。現在の大気中の累積残留量は２４００億トンで、毎年40億トンが加わっていくことになります。大気中の二酸化炭素濃度は４００ppm（０・04％）に達します。あと２４５０億トンが、気温上昇を産業革命前と比較し、気温上昇を２℃以内に抑える限界量とされています。現状維持であれば、２℃上昇するまでに60年が限界です。２℃上昇した場合どのような異変が起こっていくのか、わかりません。ＣＯＰ21（国連気候変動枠組み条約の締約国際会議）で２℃に抑える合意が１５７か国でなされています。もう異変は始まっています。いつシステム破綻が起こるのか、わかりません。

二酸化炭素の排出量と気温上昇は比例関係にあります。このまま排出量を減らせなければシステムの維持は困難となります。自然の営みは元に戻らなくなってしまうでしょう。

32 炭素の固定、地殻の中の炭素と動き

炭素は化合物となって地中、植物に固定されます。固定は、大気中の二酸化炭素を削減することにつながります。化石燃料の消費による二酸化炭素の大量の排出や森林の伐採は、地球の自然による炭素固定能力を減少させています

炭素は、非金属元素であり、単体でも化合物でも多様な形で存在し、化合物は1000万種をはるかに超えます。炭素は無機物の構成員および有機物の基本骨格で生物の構成材料となって存在しています。

有機物は炭素の化合物で、生命活動で生産され、光合成や呼吸などと密接な関係を持ちます。植物を構成する大部分はセルロースからなる木質部で植物質の3分の1を占めています。蛋白質、脂質、炭水化物の大半が炭素で、人体も乾燥重量の3分の2が炭素です。人工的にも多くの有機化合物が生み出されています。

宇宙での炭素の存在量は水素、ヘリウム、酸素に次いで多く、太陽、恒星、彗星のなかにも炭素は豊富に存在し、惑星の大気にも含まれます。隕石からダイヤモンドが発見される場合もあります。地球において、炭素は地殻中の元素の存在度では15番目で、炭素全体の中で約9割が地殻中に存在しています。次いで海洋中に溶け込んだ炭酸H_2CO_3などの炭素量が36兆トンで生物圏に2兆億トンと続きます。

炭素の存在構成

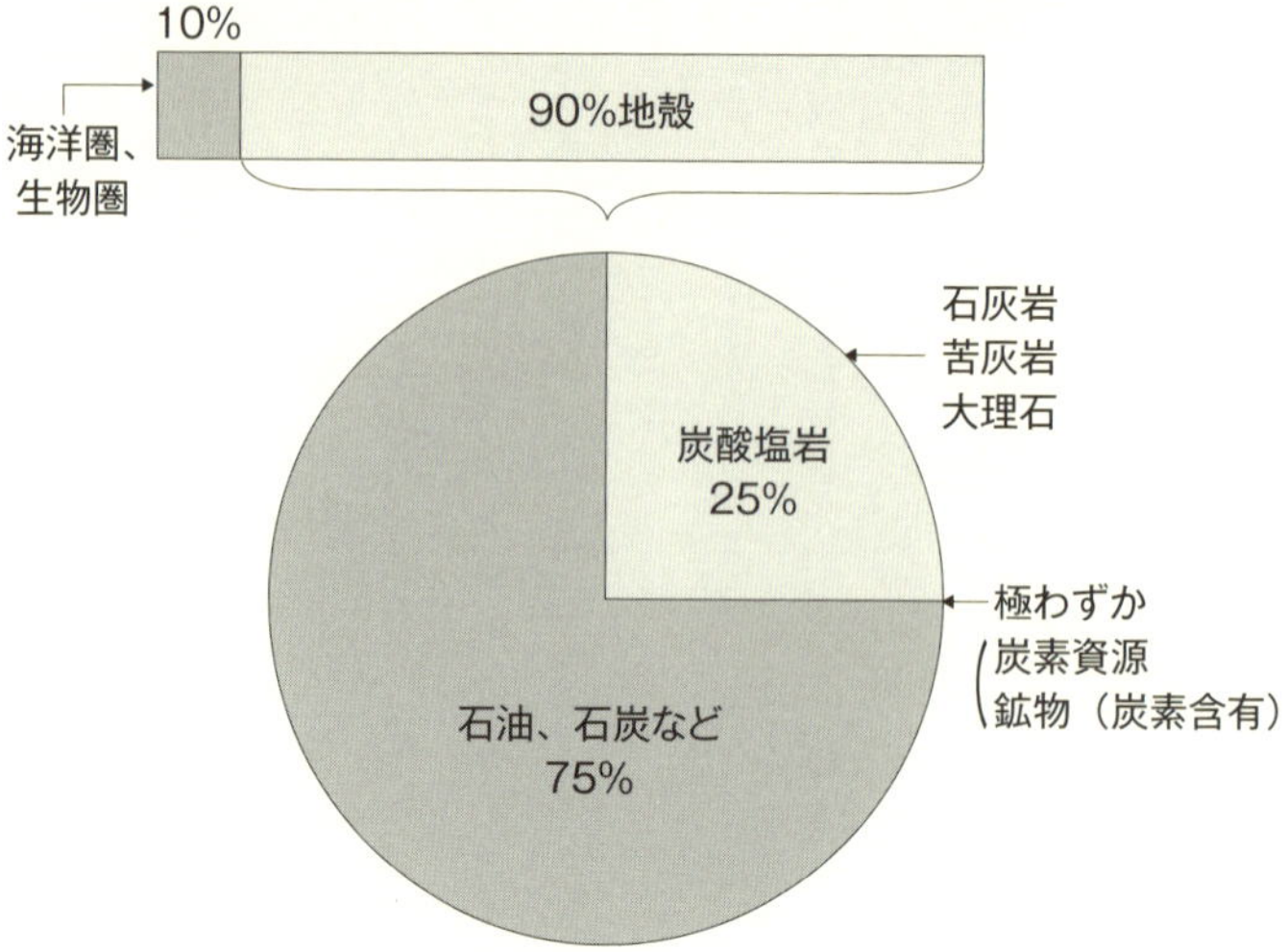

炭素循環

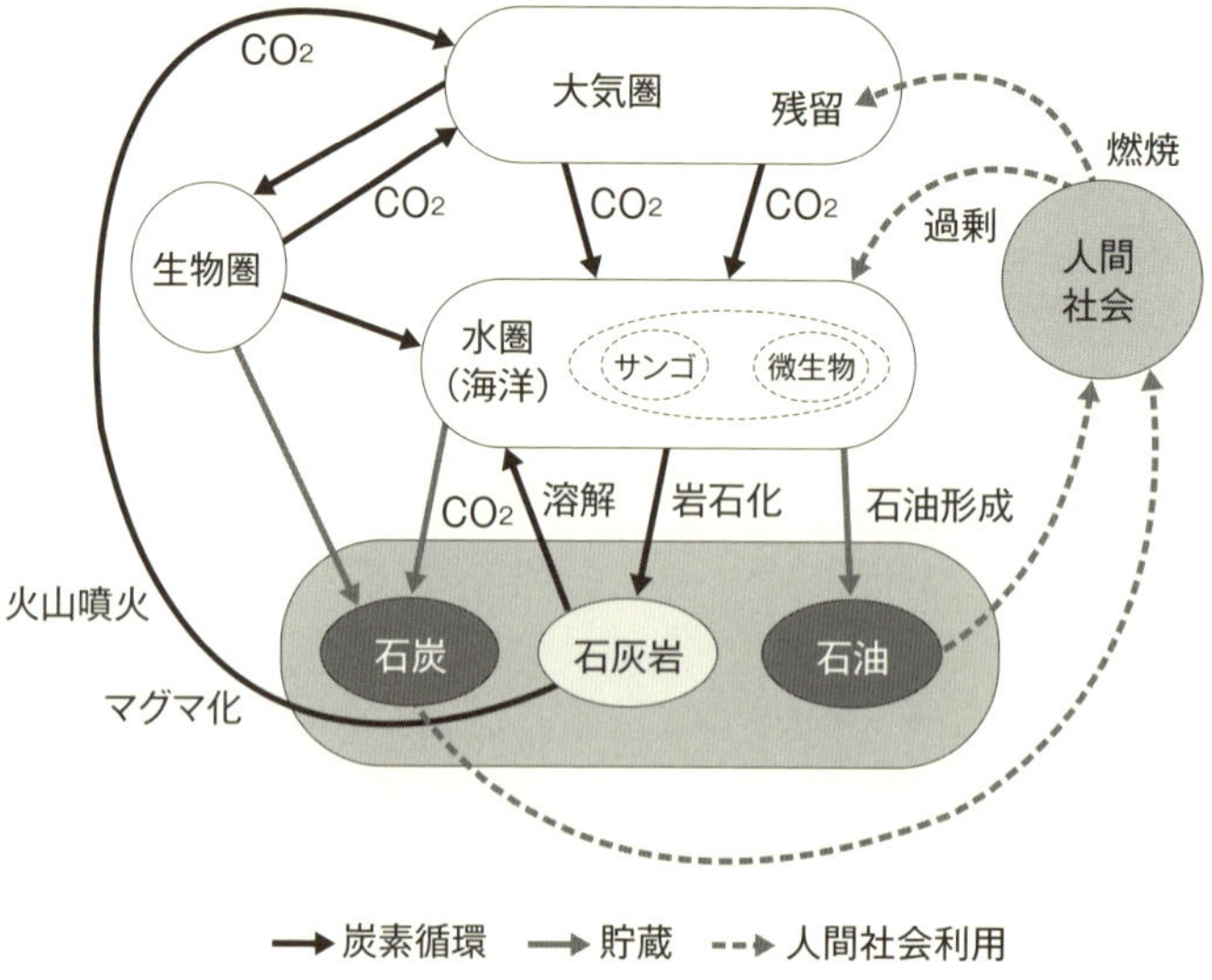

炭素循環のなかで大半の炭素が地中に固定され、とどまっています。石油、石炭、天然ガスの炭素が地殻中の炭素の４分の３以上を占めます。残りの４分の１が炭酸塩の岩石で石灰岩（$CaCO_3$）、苦灰岩（$CaMg(CO_3)_2$）、結晶質石灰岩（大理石）です。

炭素は、循環しながらも地球に含まれる全炭素量は、ほぼ一定です。炭素は多様な状態で存在していますが、地殻中の炭酸塩鉱物は方解石・アラレ石・ドロマイト の３種が一般的です。これらは炭酸塩岩を構成します。またグラファイト（石墨とか黒鉛とも呼ばれます）は炭素から成る鉱物でその集合体は資源として利用されています。金属鉱物としては孔雀石（$Cu_2(CO_3)(OH)_2$）、や菱マンガン鉱（$MnCO_3$）菱鉄鉱（$FeCO_3$）が存在しています。マントルにも炭素からなるダイヤモンドが存在します。炭酸塩岩は水で浸食されると、炭酸カルシウムは分解され、二酸化炭素と、炭酸に分解され、水に溶け海に運搬されて、再び生物の構成元素となり、石油や石灰岩などの生成につながっていきます。

石灰岩鉱山―四国高知県鳥形山

石灰岩によってCO_2は固定されている。

石灰岩からセメントをつくるとき大量の石油が使われ、温暖化の一因となっています。
セメントはCO_2を固定しています。

33 温暖化の原因は石炭・石油など炭素化合物の大量利用か？

石油、石炭など炭素化合物の大量利用が、温暖化の原因で、地球環境の脅威となってきました。

石油は世界中で様々な用途で使用されています。現代文明を代表する重要な物質で、膨大な量が消費されています。石油はエネルギーと工業原料としての利用で、現代社会になくてはならない原料です。身の回りは石油からの製品で溢れています。

石油は炭素原子と水素原子からなる炭化水素化合物で、硫黄、窒素、酸素を0・1～3％と僅かに含みます。プランクトンなど微生物の遺骸が海底に砂や泥と堆積し、埋没し、バクテリアの働きによって微生物が分解され、地温上昇と圧力の影響で石油が生成され、温度が高ければ天然ガスとなります。

世界の埋蔵量は1兆6000億バレル（1バレルは約160リットル）です。消費量は332億バレル／年（2014年）です。

1860年の世界の石油生産量は50万バレルでした。鯨油に代わる代替燃料として石油が利用されるようになったのは19世紀の半ばからであり、石油時代となりました。

石油の用途は日本では70％がエネルギー用で、原油は加熱し、沸点の差で石油ガス、ガソリン，ナフサ（石油化学の原料）、灯油、ジェット燃料、軽油、重油、アスファルトに分離精製されます。石油は自動車、船舶、鉄道などの動力源になり、ナフサからはプラスチック、ポリエチレン、ナイロンのような

石油と石炭の利用

	石油	石炭
埋蔵量	1兆6千億バレル	8475億トン
消費量	332億バレル（2014）	79億トン（2014）
枯渇年数	30年と言われている	100年
成分	炭化水素化合物	炭化度と組織成分で変化
利用開始	19世紀後半から	産業革命から
利用	70%エネルギーに使用 動力、燃料 工業原料（合成繊維、合成ゴムなど）	エネルギーに使用 燃料（火力発電所） ユークス（製鉄所） 化学薬品原料

バレル：体積の単位約 160 リットル

大量の利用 ⇨ 地球環境の脅威

合成繊維や合成樹脂、合成ゴムが発明され、さらに塗料、建設材料など広範囲に利用されています。

自動車、コンピュータ、電子・電気機器、カバン、靴、衣服、家具など身の回りでたくさんの石油製品が利用されています。石油がなくなれば、経済、社会、生活自体がストップしてしまうほど石油製品は日常の生活に溶け込み、石油のない生活は考えられません。

「脱石油」の動きは拡大してきているものの、石油の需要は減りません。地球環境の悪化を食い止めるような状況はなかなかつくれません

２０６０年代には世界の人口は１００億を突破すると国連が予測しています。さらに大量の石油が必要になるでしょう。

化石燃料からの脱却の重要性が増大しています。化石燃料の中では、石炭からの二酸化炭素（CO_2）の排出がとくに多くなります。

石炭は、蒸気機関の燃料と工場の動力によって英国で起こった産業革命の主役でありました。日本でも明治時代から1960年代の石油がエネルギーの中心になるまで、近代化の原動力となりました。

3億年前の石炭紀の時代に陸上で植物が生い茂り、森林が形成され、大気中の酸素濃度は35%（ふつう21%）と増加し、植物の光合成で、二酸化炭素濃度が激減していきました。地中に埋没し、長い期間にわたり地中の熱と圧力で変質し、石炭化して石炭層が形成されました。石炭として炭素が固定されました。石炭紀に最もたくさんの石炭が形成されましたが、それ以後も石炭は形成されました。

石炭の世界の埋蔵量は8475億トンと豊富にあります。現在の消費量79億トン（2014年）で枯渇まで100年であり、石油や天然ガスに比べて当面利用する資源は十分あります。石炭の用途は燃料、コークス、ガス、石油代替ですが、燃料は主として火力発電用であり、コークスは鉄鋼用です。コークスは、鉄鉱石を高炉の中で還元するとともに高温での燃焼を維持します。日本では石炭の需要の40%が鉄の製造です。

化石燃料のなかでも火力発電で使う石炭の排ガスCO_2の処理は緊急の課題です。石炭火力1キロワット時のCO_2排出量は天然ガスの2倍にもなります。排気ガスからCO_2を分離し、地中貯留させようと、日本では実証的試験が行われています。

石炭を大量生産して工業化を拡大させた英国では「いま埋蔵量が確認されている化石燃料のうち燃やせるのは約3割に限られる」と評価をしています。英国政府は「2025年までに国内の石炭火力発電所を全廃する方針を打ち出しました。

日本ではCO_2の排出削減を目指す「クリーン・コール・テクノロジー」による循環型社会の構築を目指しています。

Column

石油の時代はいつまでか

1901年米国テキサスの岩塩ドーム「スピンドルトップ」で、1日10万バレルという大量の原油が噴出しました。これが「石炭の時代」から「石油の時代」への幕開けをつくり、石油の大量生産が始まりました。

そしてそこから100年以上も石油の大量消費の「石油の時代」が続いています。20世紀初頭から消費量は900倍以上です。「石油は枯渇する」と、第一次オイルショック頃からかいわれてきていますが、いまだに「石油の時代」の終焉はみえてきません。2030年が「オイルピーク」との予想も、確固たる証拠はありません。石油は「掘ればなくなる」という減耗不補充の資源です。消費しても探査地を広げながら新たな資源を獲得し、消費量を補うべく供給量を増大させてきています。

年々探査地が狭くなり、5億バレル以上の巨大油田、50億バレル以上の超巨大油田は見つからなくなってきています。イラクにはまだ未開発の巨大油田が眠っていますが、その巨大油田の争奪のため、湾岸戦争から25年も戦争状態が続いています。石油価格は、資源ブームの2008年には1バレル145ドルと高騰し、その後30ドルと安くなりましたが、石油探しは続いています。2014年、ロシア のアストラハン州で大油田「ヴェリーコエ」が発見されました。ロンドンのガトウィック空港の隣接地に、北海油田をはるかに凌ぐ埋蔵量1000億バレルという超巨大油田が発見されたようです。

石油によって暮らしがよくなりました。社会を繁栄させるほど石油には「すごい力」があります。しかし石油の利用によって地球環境が悪化しています。経済か、環境か、人類にとって厳しい選択が迫っています。

34 二酸化炭素の増大で海の異変が起きている
――死海が広がっている

海がおかしくなってきました。漁獲高が減少しています。クジラが岸に打ち上げられることが多くなってきました。

大気の二酸化炭素の濃度を調節するため、海はその約3割を吸収しています。気温の上昇を抑える機能が海にあります。しかし、人間活動から排出されている二酸化炭素は、海洋が吸収する限界を超えてきているようです。二酸化炭素の増大で海は酸性化が進んでいます。海は熱も吸収しています。海洋自身の温暖化です。海水温の上昇で海水が膨張し、海面水位が世界的に上昇しています。

大気中の二酸化炭素濃度増加により海洋の酸性化で酸性度が上昇しています。二酸化炭素（CO_2）は水に溶けると酸性となり酸性化は、生物の殻や骨格になっている炭酸カルシウムの生成を妨害します。海水に溶けたCO_2は炭酸水素イオン（HCO^{3-}）や炭酸イオン（CO_3^{2-}）のようなイオンになり、大半が炭酸水素イオンとして存在しています。

多くの水生生物は、pH環境が変われば生きられません。産業革命以前は平均的な海洋のpHは8・17でしたが、現在pHは8・06に低下しています。低いpHであれば、現在の生物は炭酸カルシウム（$CaCO_3$）の殻が作れないため適応は困難です。

CO_2濃度が増えると、イオンが海水に溶けきれなくなって過飽和の状況となり、固体の炭酸カルシウム（$CaCO_3$）を形成しやすい状態にします。し

海の異変

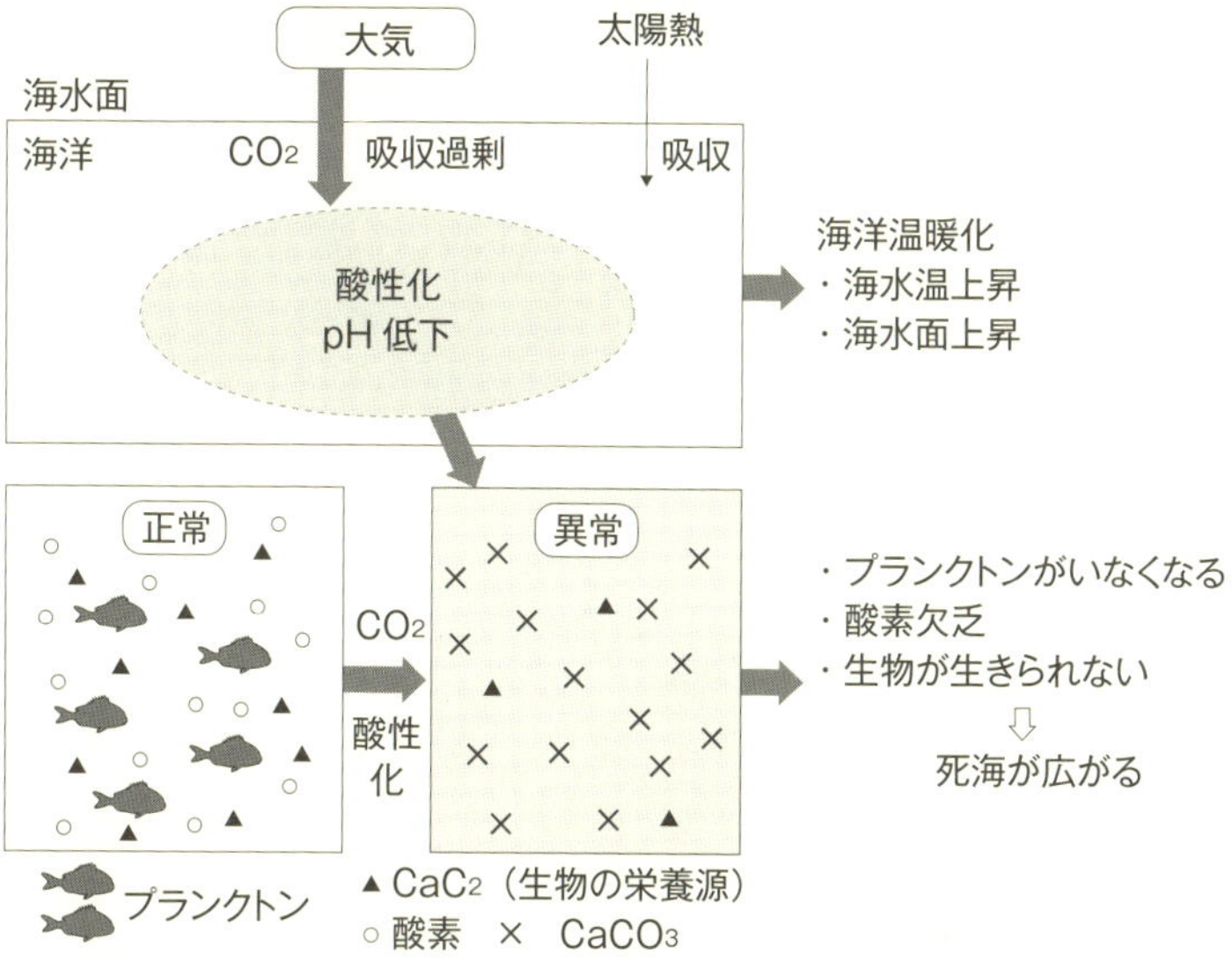

たがって生物自身による炭酸カルシウム（$CaCO_3$）の生成が難しくなります。また炭化カルシウムは、プランクトンなどの生き物にとって、繁殖をささえる栄養源となります。二酸化炭素は海水中の炭化カルシウム（CaC_2）を分解させるとともに、酸素を吸収して炭酸を生成しますので、酸素欠乏状態をきたし、プランクトンが生きられなくなります。酸素不足に陥った海は、生命が住めない環境となり、酸欠海域（死海）となっていきます。

海洋は大気に比べて変化しにくい環境です。海水温の分布や海流が変われば、長期間にわたって気候に影響を与えます。21世紀半ばには海の生物への影響が顕著になると予測されています。海洋は化石燃料起源のCO_2の約半分を吸収していて、限界にきています。海洋の酸性化の影響を小さくするには、CO_2の排出を抑制する温暖化対策しかありません。温暖化の影響で酸素欠乏の海が拡大しています。

35 深刻になってきた温暖化による異常気象

今の人類は、史上初の未知の世界に向かっていま す。温暖化は年々進行しています。気温も速いテンポで人類危機の本質となる2℃の上昇に到達してしまうのではないか、という懸念が増大し、2050年以降深刻になるのではないかと考えられています。飢餓、難民の発生が全世界で起こってくるかもしれません。シベリアなどの寒冷地は、穀倉地帯になっていくかもしれません。これは温暖化がもたらす恩恵です。

すでに日本では、農産物の産地に異変が起きており、産地の北限が上昇しており、北海道富良野市でさくらんぼがなるようになりました。しかし、地球全体で見れば、温暖化による異常気象の影響は、猛暑による農産物の生育不良や豪雨による農地の浸水や作物の水没などの打撃を与えています。

大気の二酸化炭素濃度が400ppmから450ppmへと進んでいますが、洪水、ハリケーン、竜巻、強風、落雷、豪雪、豪雨、旱魃、酷暑、熱波など異常気象は、異常ではなく「ふつう」になってきています。「異常気象は30年に1回以下の稀な現象」と気象庁によって定義されていますが、比較的頻繁に起こるため「異常気象」は「極端気象」ともいわれています。局地的に大きな被害をもたらす気象現象は、極端気象の特徴に挙げられます。

世界のほとんどの陸域で大雨の頻度が増加しており、局地的に非常に強い雨となる「ゲリラ豪雨」な

異常気象と温暖化

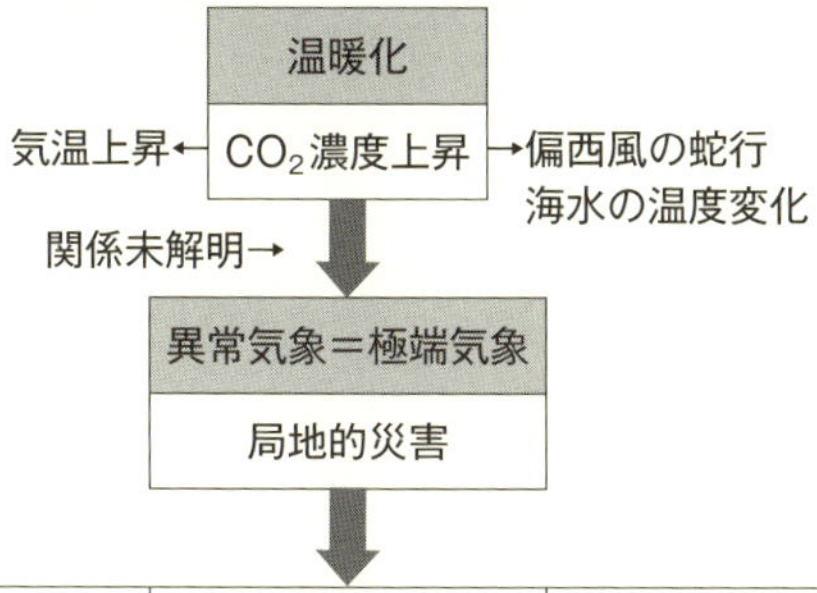

雨雪	日照り	風雨
集中豪雨、落雷 豪雪、寒波	酷暑、旱魃 熱波	ハリケーン、台風 サイクロン 竜巻、強風
洪水、地すべり 山崩れ 土壌流出（農地破壊）	自然火災、水不足 河川量・貯水量減少 砂漠化、飢《き》饉《きん》	洪水、高潮 家屋破壊 農地破壊

どは増えており、毎年のように極端気象が起き、豪雨、猛暑が長引く傾向があります。

異常気象（極端気象）は人々の生活や経済活動へ影響を与え始めています。豪雨の多発化や巨大台風の発生など甚大な農業および都市型災害につながっています。温暖化が深刻になってきました。温室ガスの増加など人為的影響は人類社会持続の脅威となってきました。人類自身が生み出してきている脅威です。

異常気象と温暖化の関係は解明されていません。観測機器をネットワーク状に組み合わせ、集中豪雨など重点的に現象を観測する稠密観測で、極端気象のメカニズムを明らかにし、監視体制および予測システム構築することが必要です。

化石燃料の使用を減らすことが世界の潮流となってきました。二酸化炭素の回収と貯蔵方法を一刻も早く開発していかなければならないでしょう。

36 多発する気象異常による災害

異常気象による災害が世界で増えています。大雨、台風、旱魃、熱波、寒波など異常気象が多発し、激しくなり、大きな被害が発生しています。

２０１５年に日本では、関東地方北部から東北地方南部を中心として24時間の雨量が３００ミリ以上の豪雨を伴う「平成27年９月関東・東北豪雨」が発生しました。鬼怒川など85河川におよぶ堤防が決壊しました。鬼怒川流域地域では３日間で４００ミリを超える地域が60％以上を占め、氾濫危険水位を上回る豪雨でした。広範囲にわたり家屋の全壊、半壊、交通の寸断、土砂崩れによる鉄道の不通など、大規模な被害をもたらしました。

また、南米のボリビアでは、２番目に面積の大きな塩湖のポオポ湖（90キロメートル×32キロメートル）は完全に干上がり、生態系に深刻な打撃を与えています。

２０１５年11月にインド南東部の大雨、５月には熱波に見舞われ、合計で２２００人以上の犠牲者が出たと伝えられました。２０１５年、ニューヨーク州では記録的な積雪を観測しましたが、２０１６年でも米国で１月に大雪の影響により首都ワシントンなど東海岸を中心に11の州で非常事態宣言が出されました。全米のおよそ８０００万人に影響がおよび交通事故など大雪の影響が拡大しました。

このように世界各地で多大な被害を伴う異常気象による災害が多発しています。オーストラリア南東

世界の異常気象による災害例

異常気象	地域	年	状況・被害（数字は死者・行方不明）
熱波	フランス・欧州	2003	異常高温、フランス14800人
ハリケーン	米国・フロリダ	2005	「カトリーナ」により堤防決壊　1836人
旱魃《かんばつ》	豪州	2007	雨量平年の60％未満、小麦生産60％減少
サイクロン	ミャンマー	2008	暴風、高波、ミャンマー7万人以上
大雨・洪水	フィリピン	2009	台風が相次いで接近。890人以上
竜巻	米国、南東部	2011	竜巻を伴う暴風雨、330人以上
大雨・洪水	インドシナ半島	2011	メコン川沿い洪水、タイ500人以上
大雨	中国北東部	2013	大雨北東部全体、900人以上
集中豪雨	日本茨城	2015	鬼怒川の氾濫、浸水1万戸以上

1950年からの気温変化（観測予測）

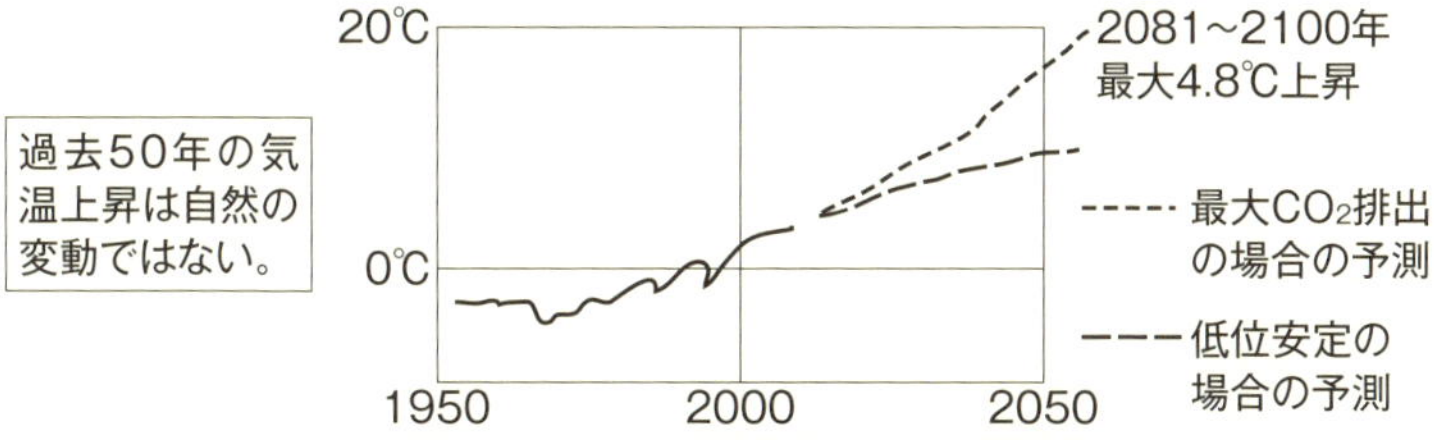

出典：IPCC 第5次評価報告書（2014）簡略化

気候システムの破綻

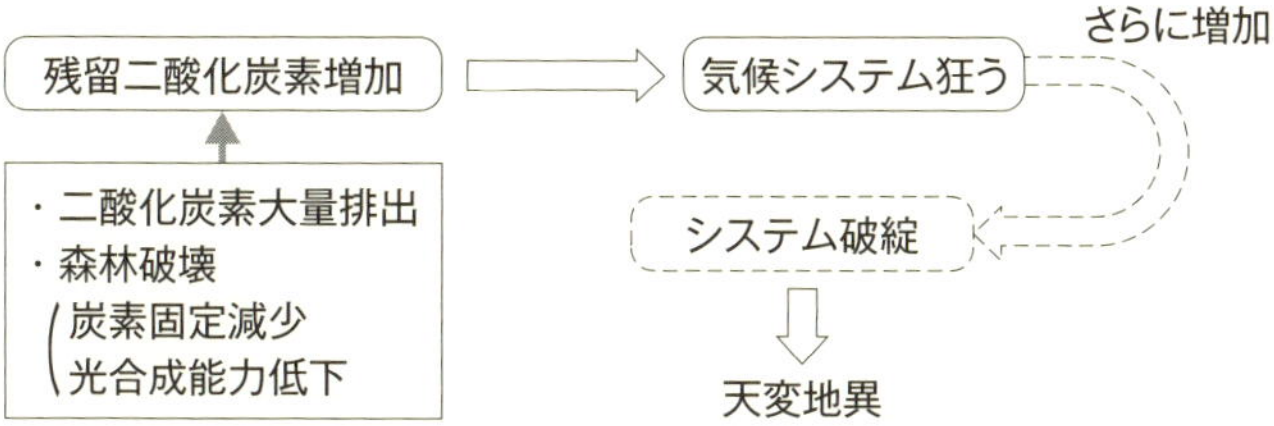

部では高温と少雨が続いて、森林火災が発生し、アフリカ南部では雨季の大雨で洪水に見舞われ、数十万人が影響を受けました。大雨による洪水でパキスタンでは２０００人ほどの犠牲者がでました。フィリピンでは台風が相次ぎ接近し、被害が拡大しました。異常気象により、災害は多発し、社会、生活を破壊しかねない状況になってきています。

日本でも毎年集中豪雨、豪雪などによる災害が繰り返されるようになってきています。日本の年間降水量の平均は１７００ミリです。しかし、２０１１年９月の台風12号で、奈良県上北山村で１８００ミリもの雨が降り大きな被害が出ました。鬼怒川の堤防決壊も氾濫危険水位を超える豪雨でした。これまでの防災は２００年に一度の降水量を想定し対策が取られていますが、このような記録的な豪雨の極端気象は、想定を上回る大雨、大雪です。これまで通りの対策では通用しないことが認識されました。つまり、今のままでは災害を食い止められません。異常気象が「異常」の時代と、異常気象が「ふつう」の時代である現在の極端気象では、対策を変えていかなければなりません。現状はこれまでの対策の限界といえる状況です。

温暖化は、二酸化炭素の人為的な大量排出です。大気の残留二酸化炭素が増加し、気温を上昇させ、これまでの安定化していた気候システムを狂わせ始めました。また森林破壊による、二酸化炭素の吸収力減少も地球温暖化に拍車をかけています。森林は、水をたくわえ、土をつくり、酸素をつくります。森林が減少すると森林の機能である保水力が失われ、水質や大気浄化能力や二酸化炭素を固定させる光合成の機能を低下させ、土壌栄養分の流出や洪水、崖崩れを引き起こします。極端気象による豪雨が起これば、森林伐採により、洪水や土砂崩れも発生し、災害を増幅させます。

第6章

大爆発—破局噴火と火山活動

37 生物を死滅させる破局噴火とその巨大さ

破局噴火は、巨大で壊滅的な噴火です。地下のマグマが一気に地上に噴出します。大規模なカルデラの形成を伴うため、カルデラ破局噴火ともいい、超巨大噴火です。日本では、噴火による堆積物の見かけの体積値をあらわす見かけ噴出量が100立方キロメートル以上を破局的噴火としています。米国では見かけ噴出量が1000立方キロメートル以上をスーパー噴火としています。

マグマ溜まりは地下数キロメートルにあります。周囲の地層・岩体によってマグマに地圧がかかっているため、様々なガスがマグマに溶け込んでいます。地震などがきっかけとなり、マグマが急に減圧されるとマグマは発泡し、大量のガスが噴出し、マグマ溜まり自体が爆発します。地殻の表層部が吹き飛ばされる巨大噴火となります。噴火の破壊力は壊滅的な威力となり、半径数十~100キロメートルにおよぶほど広範囲にわたって火砕流が放射状に流れ出します。火砕流は広大な面積を覆い、生物が死滅し、村落、町は火砕流、火山灰で埋まってしまいます。

また、火山灰など大量の火山噴出物は、大気となって地球を覆い、太陽を遮り、気温を低下させます。気候変動の要因になり、異常気象を引き起こします。農地も不毛地となり、農作物の生育を不調にします。空前の規模の火山災害を発生させます。マグマが噴出した後には、地表は陥没し、巨大なカル

火山噴火のタイプ

溶岩（マグマ）　火山弾　火山灰　火砕流　火山ガス

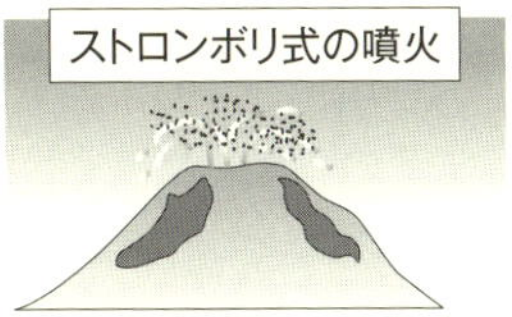

・玄武岩質溶岩（マグマ）
・マグマはしぶきを上げ小爆発
・伊豆大島

・玄武岩質溶岩（マグマ）
・爆発を伴わない
・ハワイキラウェア

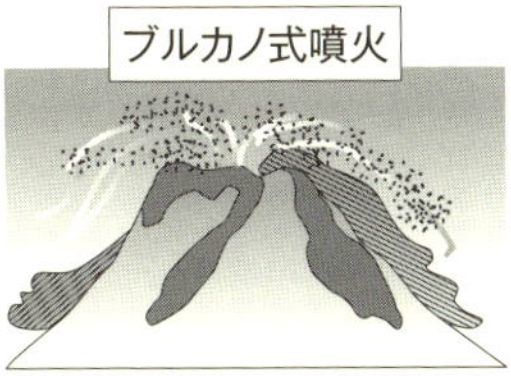

・溶岩は山頂部、火砕流発生
・安山岩質マグマ、爆発を伴う
・浅間山、桜島

・流紋岩マグマ、爆発、火砕流
・火山灰は成層圏に達する
・ピナトウボ、富士山宝永大噴火

破局噴火（ウルトラプリーニ）

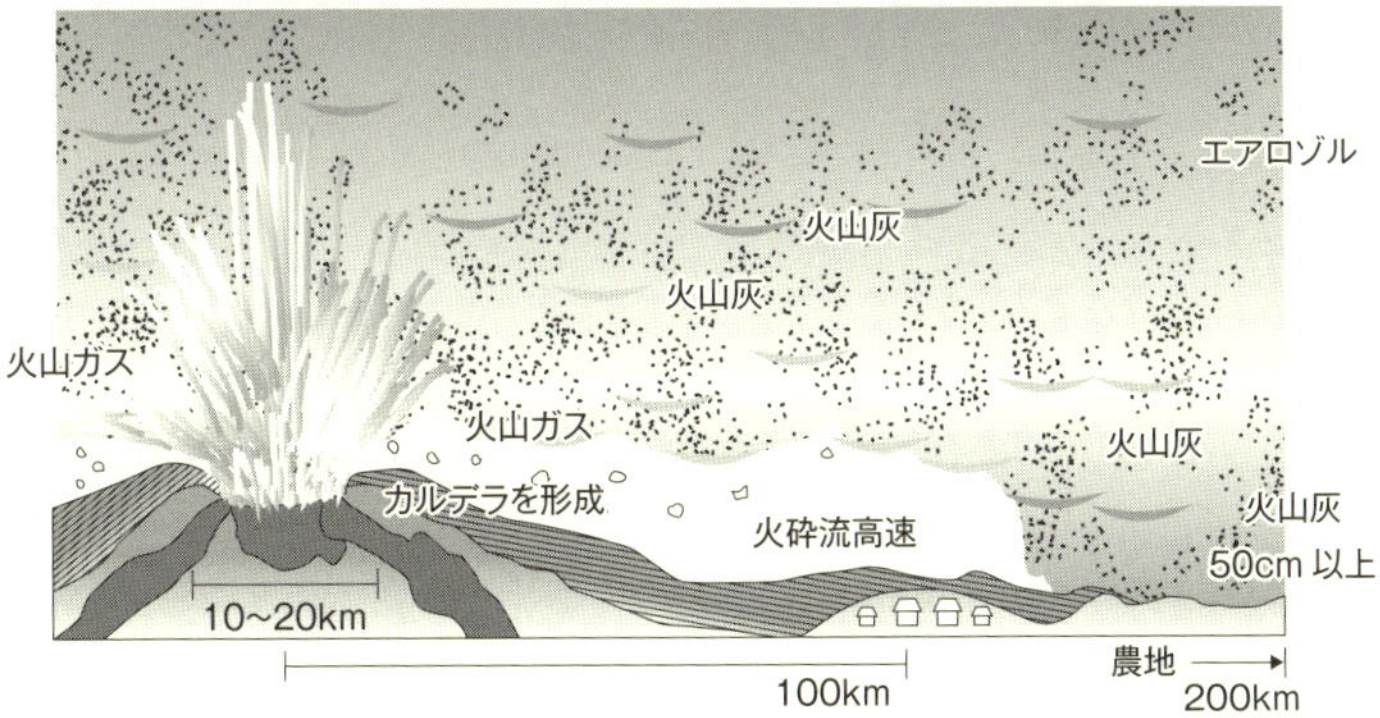

超巨大噴火 → 火砕流・火山灰大量噴出 → 町・村、農地埋没 → 天変地異
町・村、農地埋没 → 気候変動

・マグマが一気に噴き出す。火砕流
・珪長質マグマ・地殻表部を吹き飛ばすような噴火
・地表陥没しカルデラ形成。地球環境悪化
・阿蘇カルデラ（噴出量 400km^3）。姶良カルデラなど

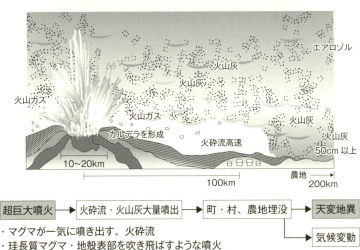

デラとなります。

米国のアイダホ州、モンタナ州、ワイオミング州にまたがるイエローストーン国立公園には、8980平方キロメートルという超巨大なマグマ溜まりが存在することが確認されています。ほぼ公園の面積と同じほどの規模です。ここではこれまでに3回の噴火が起こっています。220万年前、130万年前、64万年前です、70万年に1回という確率で噴火すると予測されています。21世紀初頭の10年間で公園全体が10センチメートル以上隆起しました。池が干上がったり、噴気が活発化するなど危険な兆候が観察されています。また世界最大の温泉地といわれ、3000もの源泉があり地下から温泉が湧き出しています。公園内の湖では湖底で直径600メートル以上、高さ30メートル以上にわたる大きな隆起が発見されています。

現在、貯留している1万立方キロメートルほどのマグマ溜まりが噴出すれば、米国に留まることなく世界全体に影響がおよび、人類の存亡の危機となるのでは、と予想されています。

日本では阿蘇カルデラ、姶良カルデラ、摩周カルデラ、鬼頭カルデラ、十和田カルデラなどが破局噴火の例です。阿蘇カルデラは4回にわたって破局噴火を引き起こしました。日本では7000年～1万年に1回ほどの頻度で、破局噴火が起きています。鬼界カルデラは、7300年前に鹿児島県南方沖の海底火山（鬼界カルデラ）で起きた破局噴火です。当時の南九州の縄文文化を壊滅させました。

阿蘇山は、外輪山が南北25キロメートル、東西18キロメートルにおよび面積380平方キロメートルの世界最大級のカルデラ地形です。阿蘇カルデラの9万年前の巨大カルデラ噴火による火山噴出物は、富士山の山体全部に相当する600立方キロメートル以上に達しました。火砕流は九州の半分を覆った

米国イエローストーン火山噴火可能性

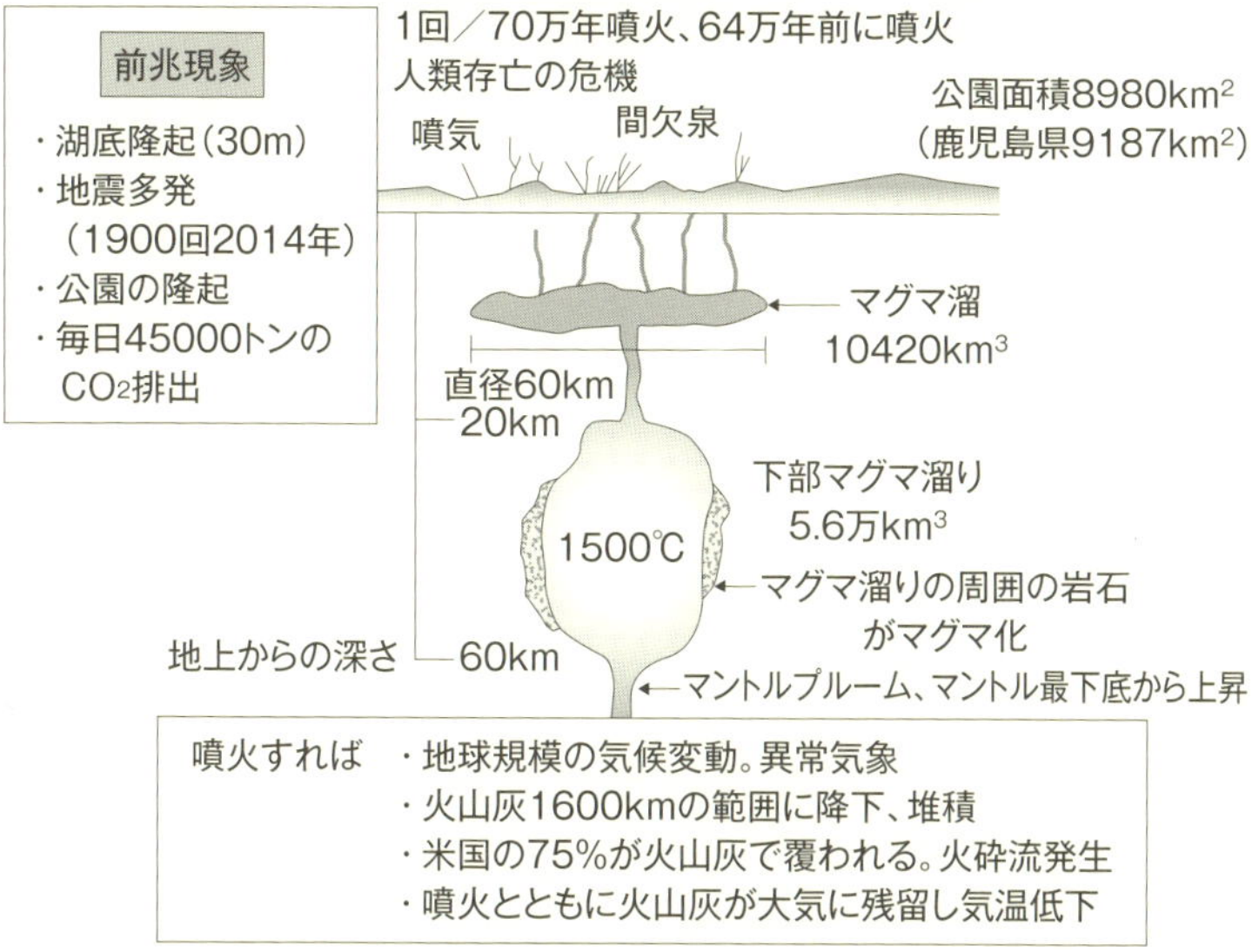

と推定されています。広範囲に大量の火山弾や火山灰を噴出し、火砕流が流出しました。

破局噴火は、天変地異です。地球環境を変え、生物の生息環境を破壊します。人間社会も破滅します。細かい火山灰のエアロゾルが空中を数年間漂うため、地球全体にわたり寒冷化となっていきます。

高温の火砕流、火山灰、火山礫が高速でながれ、田畑、野原、森林を焼きつくします。火砕流は時速100キロメートルの速さで摂氏700℃と、土も溶かすほどの熱さです。火山灰は九州での噴火であっても日本全体に降りますが、イエローストーンのような超巨大な破局噴火であれば、世界におよびます。コンピュータも火山灰で使用ができなくなり、都市機能は麻痺するでしょう。

観測機器の増設やネットワーク化を構築し、観測を強化させ、破局噴火の予測への精度を増さなければなりません。

38 火山はどうして噴火するのか
―火山噴火の仕方

ケルビン（記号：K）の熱力学温度（絶対温度）では太陽の表面は5778Kで、地球の中心のコアの温度5500℃とほぼ同じ温度です。すでにマントルと火山活動との関係については、17項で説明したように火山活動は、この超高熱の地球のコアの熱を放出する一つのシステムです。マントル対流が熱を低下させるシステムです。

マントルの対流によって地球表面のプレートが動きます。プレートが動き、沈み込むところで、地殻を溶かし、マグマを発生させて、火山活動を起こします。一方マントルが直接地表に到達し、噴出して火山活動となります。対流するマントルの地球表面に上昇するところ、すなわち海嶺でマントルが溶融して火山活動を起こします。またマントルから発生する流動化したマントルの上昇によって地表に噴出するホットスポットとされているところでは、マントル・プルームによって、マントルが地表に達すると火山活動が引き起こります。マントル内に熱的異常なところがあり、地表に上昇していくのではないか、と考えられています。

火山活動は、マントルが直接関係したマントル上昇の噴出か（海嶺型、ホットスポット型）、プレートの沈み込みによりマントルが間接的にかかわって発生したマグマの噴出か（海溝型）、によって引き起こされる2つのタイプがあります。このような火山活動によって熱が放出されます。

マントルと火山噴火の仕方

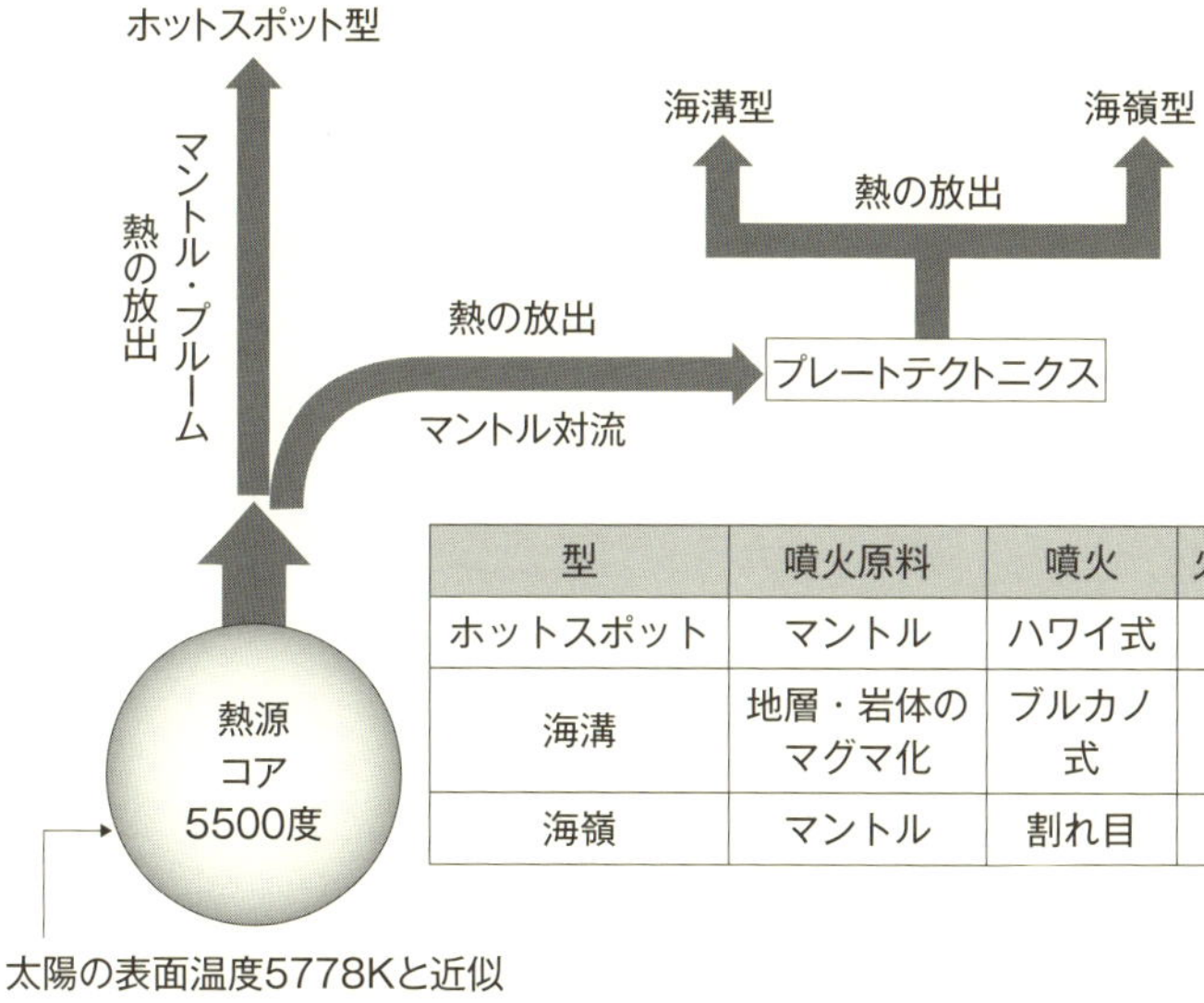

型	噴火原料	噴火	火山岩石
ホットスポット	マントル	ハワイ式	玄武岩
海溝	地層・岩体のマグマ化	ブルカノ式	安山岩
海嶺	マントル	割れ目	玄武岩

日本の火山の特徴

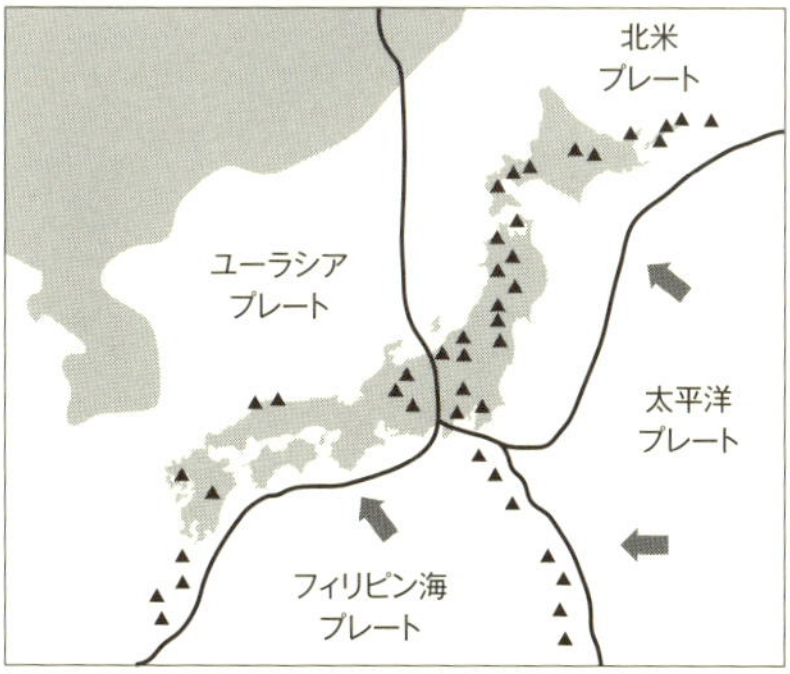

- 世界の火山の 7%が日本列島に存在
- 日本の火山の全ては海溝型
- プレートの会交部で変動帯。複雑
- 火山のマグマの原料は地層・岩体とマントルの一部
- 日本の火山の多くはブルカノ式噴火。爆発をともなう
- 安山岩質

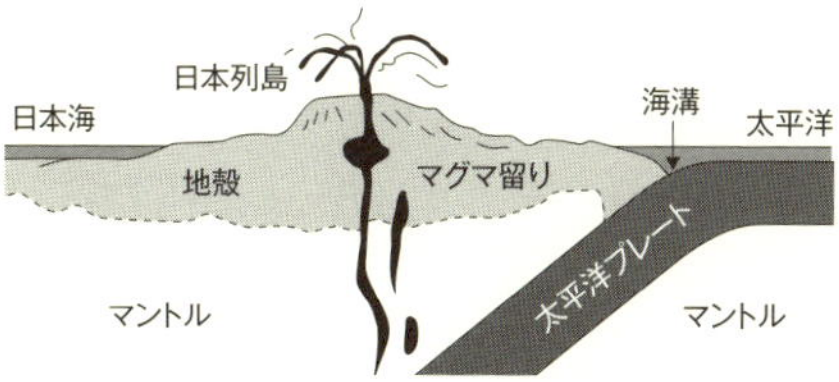

日本列島のような変動帯による火山は、海溝型で地殻の地層・岩体およびマントルが原料となります。プレートの沈み込みによって、地下数十キロメートルの深部で地殻とマントルの一部が高い温度と圧力をうけて溶融し、高温の液体のマグマとなります。マグマは、周囲の地層や岩体より比重が小さいため、浮力で上昇し、上昇しながら地殻の一部を溶かし、マグマだまりに貯えられ、満杯になれば、噴火という火山活動を起こします。火山活動の原料は地層・岩体と一部マントルです。海嶺型やホットスポット型での火山活動の原料は、マントルです。

このように火山活動は、発生する場所で噴出物の供給源（原料）に特徴があります。マグマが地表に噴出する現象が火山活動です。地表においてマグマの圧力が減少すれば、マグマは発泡して、体積が増えます。火口から火山灰、火山ガス、火山礫などが噴出し、発泡が少なければ溶岩流として流出します。

ホットスポット型のハワイや海嶺型のアイスランドは、玄武岩質マグマの火山です。溶岩が火口から流出したり、噴水のように流出します。粘り気の低い玄武岩質マグマの溶岩が四方に放出されます。激しい噴火ではなく穏やかです。ハワイ式とかストロンボリ式といわれています。プリニー式は、爆発的な大噴火となります。噴煙が高くあがります。軽石や火山灰からなる噴煙がキノコ雲状に形成されます。放出された軽石や火山灰は広範囲に堆積し、火山砕屑物とガスが混合する火砕流は高速で火口から四方八方に流れます。日本に多い安山岩質火山は、ブルカノ式といい、安山岩質の火山弾や噴石を噴き飛ばす爆発現象です。火山灰の噴煙が上昇するなど爆発的な噴火をし、溶岩を流出させます。

火山活動は、地球の熱を放出していくシステムで、マントルが熱を地表に運ぶ役割を担っています。

39 火山噴火の予知はなぜ難しいのか

火山噴火の予知は、噴火の時期、場所、特徴を予測し、噴火災害を減少させることです。地震予知に比較すれば、火山の噴火は、前兆現象がみられるので、噴火の予知のほうがしやすいといわれています。噴火の数か月前から震源の浅い火山性地震が噴火に向けて増え、火口付近が急激に隆起したり地磁気が変化したりします。低周波の火山性微動も発生します。また地下水の温度の上昇や火山ガスの化学組成も変化します。これらの現象が起これば、火山活動の活発化と判断されます。しかし、これらの現象が減り、火山活動が低下して終息することもあります。

予知しても、火山活動が減り、噴火しなかった場合も少なくありません。2000年の富士山では、火山性の低周波地震が頻発しました。しかし、噴火がおこらず、低周波地震は沈静化していきました。火山の予知には観測が不可欠です。連続観測による精度の高い観測データを踏まえて、総合的な解析が火山噴火予知につながります。

火山周辺の隆起・沈降や山体の膨張をGPSで観測し、傾斜計や体積歪計などで測定しています。また、物質が上昇した時の地震や微動、地熱異常、地下の温度の上昇、岩石の磁場の強さの変化による地磁気の異常、地熱異常、地下水の温度上昇、水質変化、水位変化、マグマの移動・発泡などにより地殻の変形による地震などの観測とマグマに由来する物

火山噴火観測と予知までの流れ

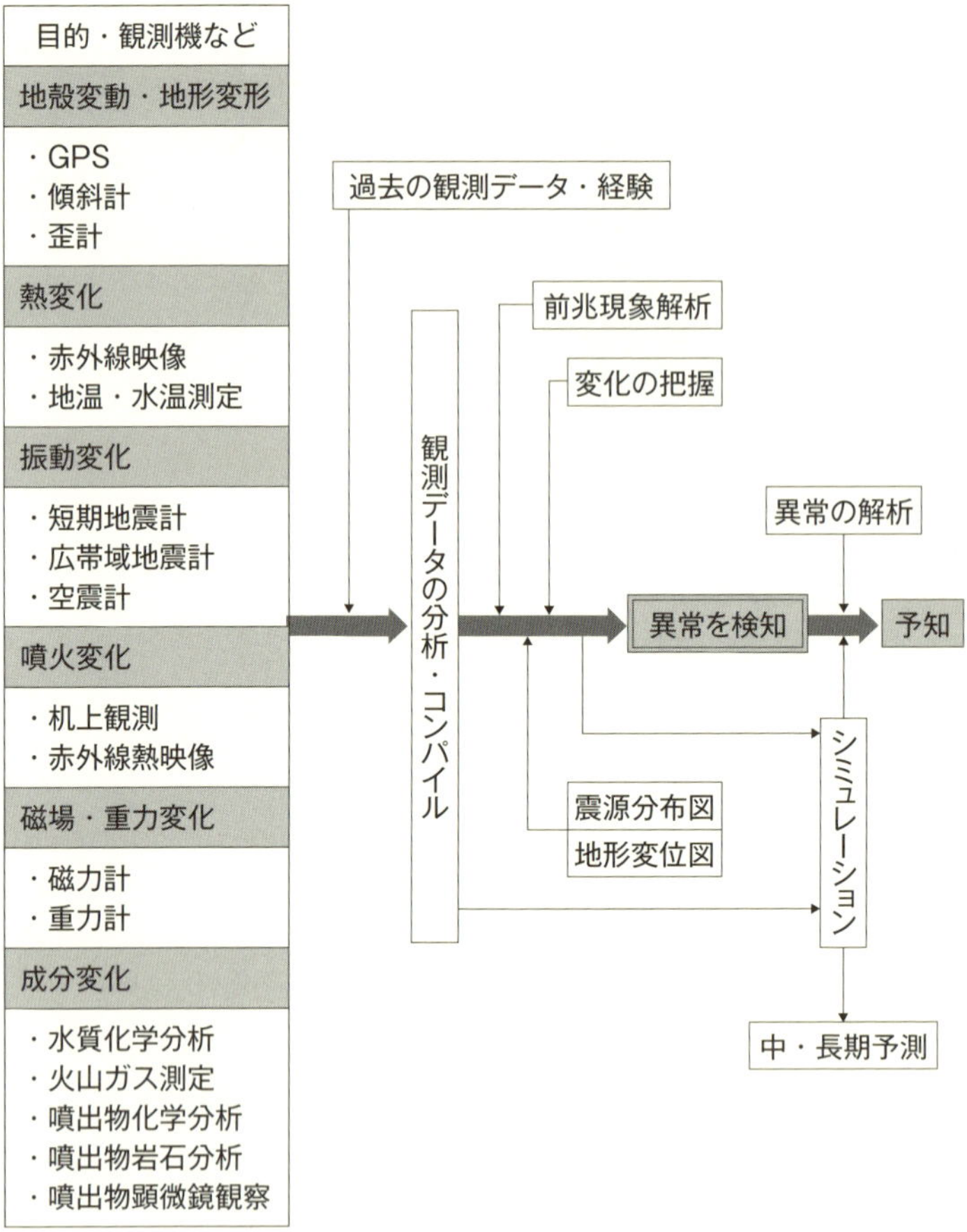

質とそれ以外の起源の物質の岩石学的分析、火山ガスの成分の変化など様々な観測で火山の異常現象を捉えようとしています。しかし、火山の異常現象を常にモニターし、多項目の観測を行っている火山は少なく、限られています。

定量的な観測データから地下圧力・温度などの物理状態を知り、細かな異常を捉え、物理学的、岩石学的、化学的視点による噴火現象を総合的に評価すれば、噴火のメカニズムの解明につながります。また、マグマの上昇、マグマからの火山ガスの分離などについて正確に理解できるようになれば、火山活動の異常の検知が可能になり、噴火予知を具体化することができるでしょう。

しかし、火山ごとに特徴が相違するため、予知の精度を上げることは簡単ではありません。

宇宙線ミューオンによる火山内部透視観測

研究中の地震観測方法

方法	観測	現状・課題
地震トモグラフィー	地球内部の温度差に対する地震波速度の相違を利用	精度化、3D化が必要
ミューオン	火山を通過するミューオンを検知板でとらえ、火山内部を観測	地表下深部の観測はできない
ニュートリノ	ミューオンより透視性高い	観測数少く初期的実験段階

40 火山活動は繰り返される

多くの火山は、噴火を繰り返します。火山を、噴出量をもとに8が最大規模で、0から8に区分し、発生頻度との比較を火山爆発指数として、米国地質調査所（USGS）の研究者が提案しています。火山噴出物は火山灰、火山弾などからなりますが、爆発の大きさの指標である指数8は、破局噴火で、1000立方キロメートル以上の噴出量です。1万年に1回発生します。指数7も破局噴火で噴出量は100立方キロメートル～1000立方キロメートルで、噴煙の高さは25キロメートルに達します。1万年に5回ほど発生します。指数6は、10立方キロメートル～100立方キロメートルの噴出量で、超巨大噴火です。1万年に39回ほど起こります。指数5は巨大噴火で噴出量は1立方キロメートル～10立方キロメートルです。1万年に84回発生します。指数4は大規模噴火で噴出量は、0・1立方キロメートル～1立方キロメートルで噴煙は10～25キロメートルの高さに達します。1万年に278回発生します。指数3では千万立方メートル～0・1立方キロメートルの噴出量でやや大規模な噴火で、噴煙の高さは3～15キロメートルです。1万年に868回起こります。それ以下が指数2、1で千万立方メートル以下の噴出量で1万年に3477回以上起こり、中～小規模の噴火です。指数2～0は毎年のように噴火が引き起こり、とくに指数1と0は百万立方メートル以下の噴出量で穏やかな噴火

火山爆発指数

USGS,1982 を一部改訂　　VE1：火山爆発指数

VEI	噴出物の量	爆発	噴火タイプ	噴煙の高さ	発生頻度	発生数
0	＜10,000㎥	非爆発的	ハワイ式	＜100m	ほぼ毎日	無数
1	＞10,000㎥	小規模	ハワイ式／ストロンボリ式	100-1000m	ほぼ毎日	無数
2	＞1,000,000㎥	中規模	ストロンボリ式／ブルカノ式	1-5㎞	ほぼ毎週	3477
3	＞10,000,000㎥	やや大規模	ブルカノ式／プレー式	3-15㎞	ほぼ毎年	868
4	＞0,1㎦	大規模	プレー式／プリニー式	10-25㎞	≥10年	278
5	＞1㎦	巨大	プリニー式	＞25㎞	≥50年	84
6	＞10㎦	超巨大	プリニー式／ウルトラプリニー式	＞25㎞	≥100年	39
7	＞100㎦	破局噴火	プリニー式／ウルトラプリニー式	＞25㎞	≥1000年	5
8	＞1,000㎦	破局噴火	ウルトラプリニー式	＞25㎞	≥10,000年	0

※過去 10000 年の発生数、1994 年スミソニアン博物館の調査数値

日本の巨大～破局噴火

火山	時期	状況
鬼界カルデラ	6360年前	カルデラ15 ～ 25㎞、噴出170km^3。縄文人壊滅
十和田カルデラ	26000年前	火砕流青森全域、直径11㎞のカルデラ
姶良《あいら》カルデラ	29000年前	直径20㎞のカルデラ。噴出500km^3、シラス台地形成
掘斜路カルデラ	30000年前	20×26㎞のカルデラ、火砕流・噴火繰返し
阿蘇カルデラ	70000年前	26×20㎞のカルデラ、九州ほぼ全域火砕流熱風

であり、小規模な爆発か非爆発性です。毎週、ないし毎日のように噴火します。ハワイ式やストロンボリ式の火山です。

破局噴火や巨大噴火の火山は、頻繁には噴火しませんが、大規模、中規模火山は頻繁に噴火し、同じ火山で噴火を繰り返します。このような火山は海溝型火山です。噴火が小規模の火山はマントルに関係し、ここでは〝マントル型〟といいますが、マントルが供給源となる物質が噴出するハワイ式火山（ホットスポット型火山）および海嶺型火山で、いつも火山物質を噴出しています。

火山の噴火のデータは世界でも日本でも観測体制が十分ではないため、噴火の頻度への調査データは20世紀前半まではそろっていません。

桜島は、約2万6000年前に錦江湾北部で超巨大噴火が起こりました。大量のマグマが地表に噴出し、南北23キロメートル、東西24キロメートルにおよび、阿蘇カルデラにも匹敵する「姶良カルデラ」が生まれ、シラス台地が形成されました。誕生以来17回の巨大噴火を繰り返してきました。2010年には爆発的噴火を996回も数え、観測史上最多を記録しました。

巨大噴火は1000年に1回の頻度ですが、一度起こるとその前後で噴火を繰り返します。海溝型火山の特徴といえます。

ピナトゥボ火山は、フィリピンのルソン島にある火山で25立方キロメートルの噴出でカルデラをつくりました。巨大火山は1万7000年前、9000年前、6000年前、5000年前、3900年前、2300年前に破局噴火を起こしています。そのすべてが爆発指数6で10立方キロメートル以上の噴出量でした。周辺地域の大半が火砕流堆積物で覆い尽くされました。1991年に20世紀での最大規模の大噴火を引き起こしました。噴火前に1745

繰返される火山活動

■マグマ　▨火山灰　火山流　■溶岩

<table>
<tr><td>火山活動</td><td></td><td></td><td>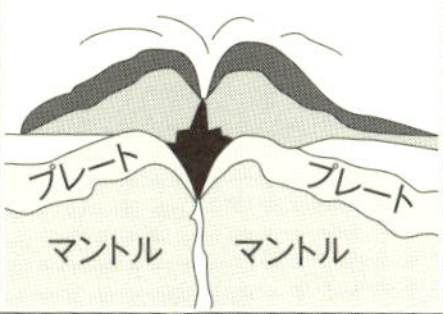</td></tr>
<tr><td rowspan="3">型</td><td>海溝型</td><td colspan="2">“マントル型”</td></tr>
<tr><td rowspan="2">ブルカノ式</td><td>ホットスポット</td><td>海嶺型</td></tr>
<tr><td>ハワイ式</td><td>割れ目噴火</td></tr>
<tr><td>噴火指数</td><td>２～７（8）</td><td colspan="2">０～１</td></tr>
<tr><td>規模</td><td>中～超巨大</td><td colspan="2">小</td></tr>
<tr><td>噴火場所</td><td>１年～1000年／１回
噴火。爆発
同じ火山・周辺</td><td colspan="2">ほぼ連続して溶岩流出（毎日）
ときどき小爆発
同じ場所で噴火が連続</td></tr>
</table>

“マントル型”はわかりやすくするための本書での呼び方

メートルの標高は、噴火後１４８６メートルと低くなりました。火砕流と火山灰に加え、火山堆積物に雨水がしみこんで火山泥流が、噴火後毎年のように発生しました。また、４００年振りに大量の大気エアロゾル粒子が成層圏に放出され、何か月も残留し、地球の気温が約０・５℃下がり、オゾン層の破壊も進みました。

　爆発の規模と火山の噴火の頻度とは関係しています。海溝型火山の噴火の繰り返しはプレートの動きと関係していると考えられますが、繰り返す周期については、観測データを定量的に得られるような観測網の整備が必要になります。一方〝マントル型〟火山は、絶えず噴火していることが多いようです。マントルが地表まで途絶えることなく上昇し、噴出するからでしょう。ハワイのキラウエア火山はこのタイプの火山です。玄武岩質であり、爆発的な噴火ではなく、溶岩を流出するタイプの噴火です。

41 目に見えない地殻変動と火山活動のシステムの関係

地殻変動は地殻に起こる変化であり、褶曲や断層や火山の噴火などです。これらの変動はプレートの沈み込み帯にプレートが沈み込みながら引き起こります。沈み込むプレートは、深さが20～150キロメートルになると、その周囲の岩石が溶けて、マグマが生成します。マグマは上昇してマグマ溜まりをつくります。マグマ溜まりは空隙か割れ目かまだよくわかっていません。

マグマの動きに伴い、様々な変化が地表面に生じます。噴出すれば火山になります。火山の分布は海溝と大陸プレートの境界で、火山フロントといい、海溝型の火山活動地帯です。このプレートの沈み込み、マグマの発生、マグマの上昇、噴火、火山の形成の一連の動きが、地殻変動による火山活動システムです。このシステムにより、前述の動きを繰り返しながら、地球のコアからマントルにより輸送された熱が火山を通して大気に放出されています。

海洋プレートは地下20キロメートルまでに圧密され、堆積物に含まれる海水は脱水されていきます。脱水されなかった水は、水を含む鉱物（含水鉱物）となり、さらに深く沈み込んでいきます。海洋プレートの温度、圧力は増大し、変成作用を受け、脱水は進んでいきます。プレートの深度230キロメートルでは半分以上が脱水すると考えられています。

海洋プレートの沈み込み速度は、年8センチメー

地殻変動と火山活動システム

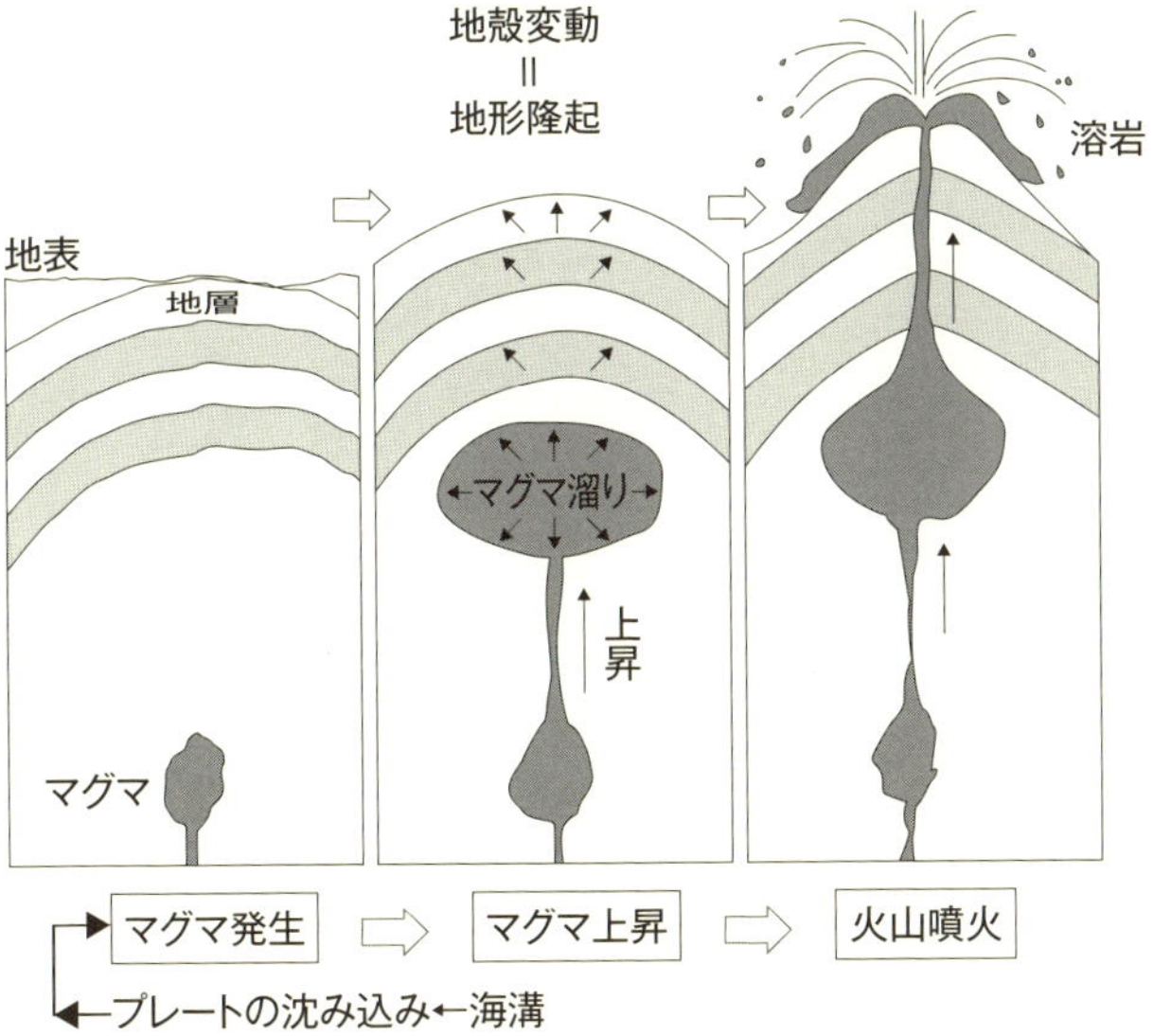

火山活動にともなう水の起源

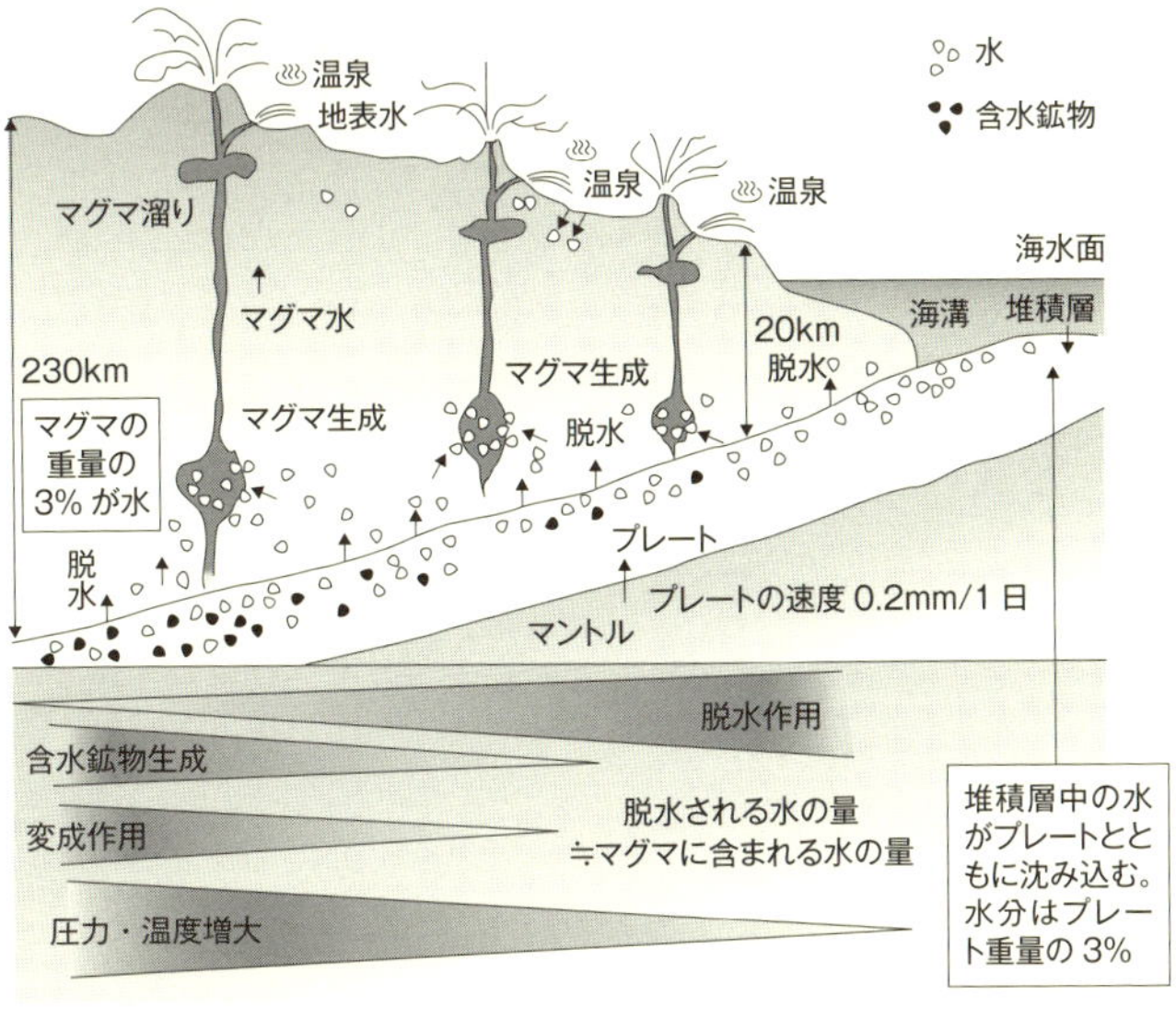

トルほどです。1日につき0・2ミリメートルという目に見えない動きですが、確実に動き、マグマを生成しています。

プレートに含まれる水はプレートの重量の3%ぐらいと推定されていますが、沈み込み帯周辺で生成されるマグマの水の量は、マグマの重量のおよそ4%ほどです。したがってマグマの生成を通して付加される水の量は、沈み込みながら脱水する量とほぼ同じではないか、と考えられています。

火山活動には熱水が伴います。火山地帯における熱水は、沈み込む海洋プレートから脱水された水に由来するようです。火山地帯の温泉は、このようなマグマ源の熱水と地表水が混ざったものです。

「日本三古湯」と呼ばれ、千年以上にわたる長い歴史をもつ有馬温泉は、泉温90℃以上と高温で、1万メートル以上の深部から断層を通して湧出しています。温泉水は南海トラフ（海溝）付近の海水を起源とすることが、ほぼ解明されています。プレートが沈み込むときに含まれる海水の大半は熱水となって地表へと流出し、一部は温泉になっています。

火山現象は多様な現象です。地球物理学、地質学、地球化学など科学の進歩とともに地球システムの研究がなされ、火山のメカニズムが解明されてきています。地球上で起こるほとんどすべての地殻変動がプレート運動と関係しています。

火山活動システムは、人工衛星など宇宙技術を利用した観測で、飛躍的な進歩を遂げています。広い範囲の地殻変動を面的に捉える技術も登場し、地下の物質の移動や応力の変化に対応し、地下の物質の動きを知ることができるようになってきました。

42 地球内部のマントル対流運動と火山噴火の関係

地球内部では、マントルが，１年に数センチメートルの速度で対流しています。マントルは固体の岩石ですが、多少流動性を持っています。マントルの対流により、プレートが運動し、大陸が動き、地殻変動を起こし、大陸を移動させています。

深部でのマントルの動きは、地震波トモグラフィーが知る手がかりです。得られた地震波速度がマントルの温度を表しているとして、地震波速度の不均質な状況などから、マントルが対流していると、理解されています。沈み込み帯でマントルの動きによってプレートが海溝からの水を脱水させながらマントルの深部へと沈み込んでいきますが、残った水が含水鉱物となってマントルとプレートと混ざって深部へと押し込まれます。マントルは含水鉱物が含まれるため周囲に比較し軽く、コアに近づくようなところで、上昇に転じていきます。下降流から上昇流に転じながら対流していきます。

一方マントル下部において安定な新しい含水鉱物の存在が明らかにされています。磁場を生み出しているとされているコアの外核は溶けた金属が対流しています。マントルの最下底は、外核の対流により高熱を放出しており、この熱の影響や含水鉱物の存在で、相対的に軽くなっているため、浮力でマントルが上昇していきます。地上に近づくと圧力が低下するため溶融して、地表や海底で火山活動が起こります。

地球内部の運動と火山噴火

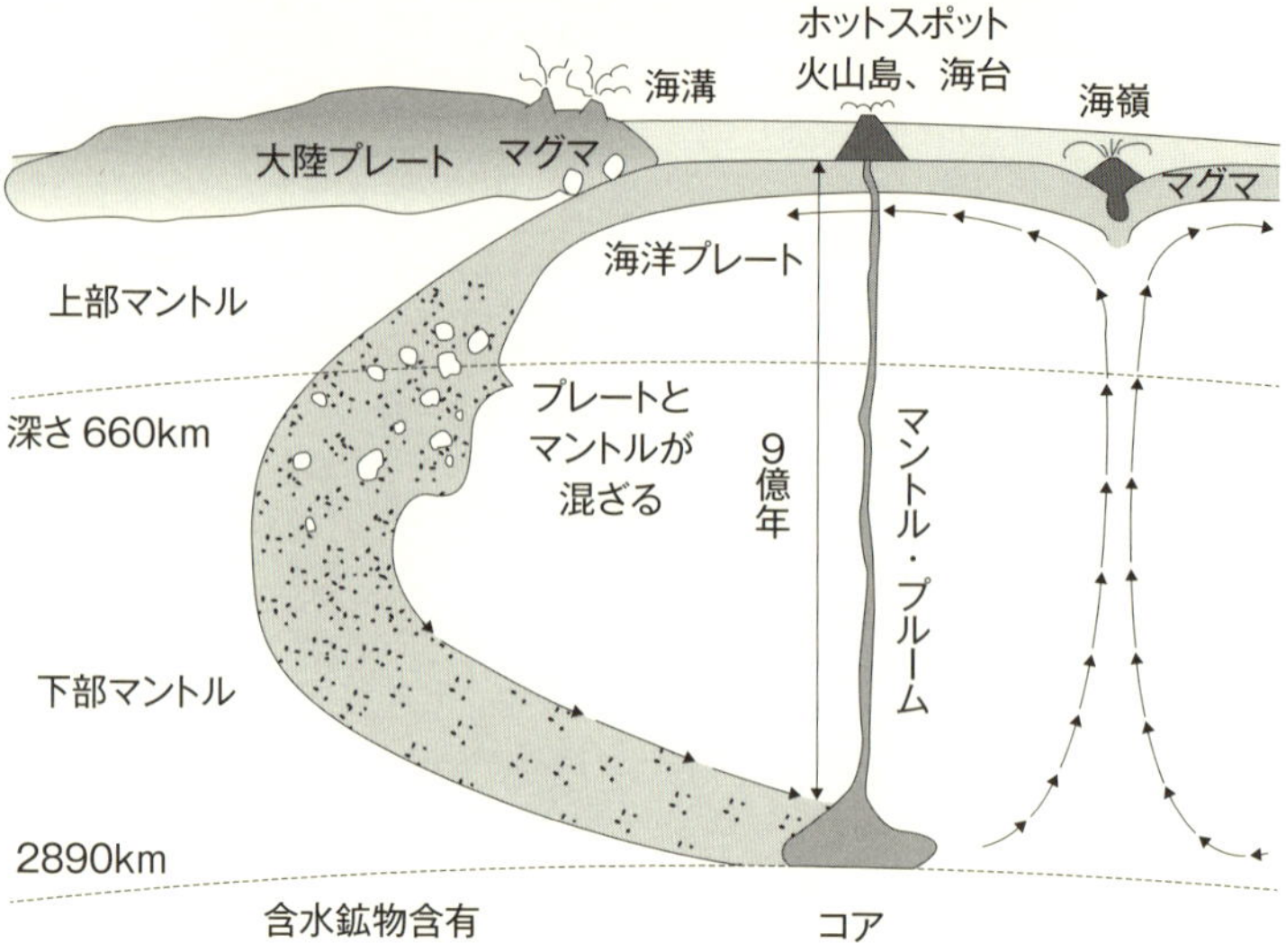

溶岩台地（洪水玄武岩）

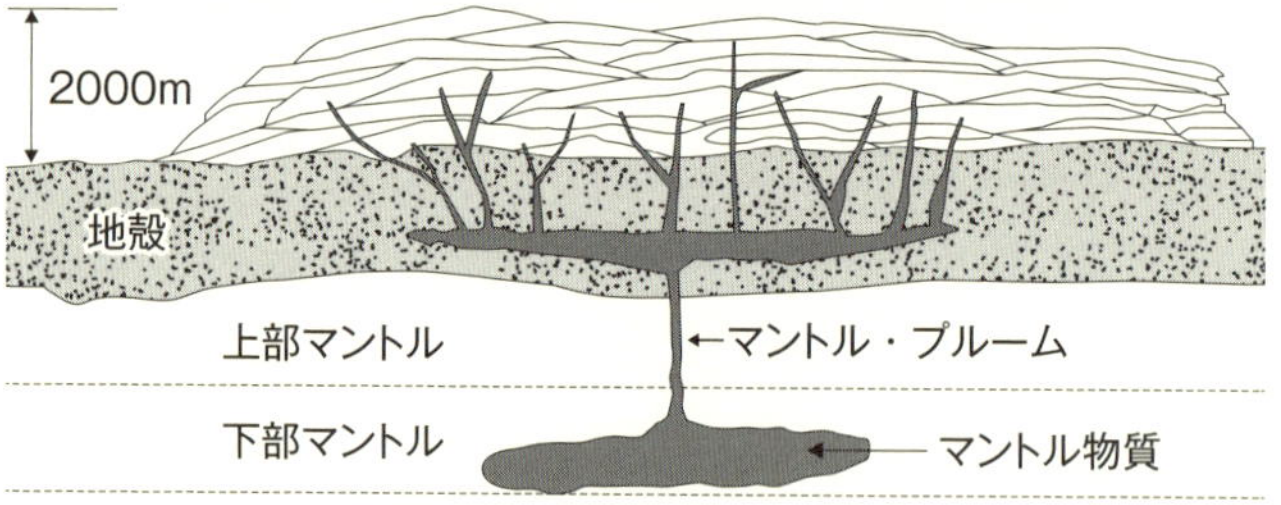

噴火火山	国など	噴出時代	噴出面積、溶岩の厚さ
デカン高原	インド	6600万年前	50万 km^2、厚さ2000mの玄武岩溶岩
シベリア・トラップ	ロシア	2億5100万年前	200万 km^2、玄武岩、流紋岩、生物絶滅
コロンビア川台地	米国	2300万年前	16万 km^2、厚さ1.8km
オントンジャワ海台	南太平洋	1億2000万年前	200万 km^2、厚さ30km、海洋生物大量絶滅

この噴出するところをホットスポットといい、この上昇流がマントル・プルームです。大規模な上昇流をホットプルームと呼んでいますが、逆のマントル表層から中心部へ向かって下降するマントル・プルームをコールドプルームといいます。なお、マントル・プルームの先端が地表に近づくと，プルーム物質が融けて火山活動を引き起こし、火山活動の活発な地域となります。

直径2000キロメートルのきのこ型のマントル・プルームは、マントルとコアの境界から9億年をかけて地表近くまで上昇してくるといわれています。このようなマントル・プルームは、地球全体で17個存在すると見積もられています。

インドのデカン高原は、マントル・プルームにより形成された、と考えられています。洪水玄武岩という玄武岩質溶岩の膨大な量が噴出し、玄武岩の巨大な岩体からなるデカン高原となりました。6000年前ほどに引き起こった噴火は、3万年続きました。

富士山の100個分以上の体積で、50万立方キロメートルにおよび厚さは2キロメートル以上です。地球上で最大級の火山といわれています。

大々的に溶岩が地上に吹き出してくるデカン高原のようなプルーム現象は、南アメリカのパラナ玄武岩など数か所が知られています。また、南太平洋のオントンジャワ海台など海洋にも海台として存在しています。米国のイエローストーン国立公園は、マントル・プルームによって地表近くでマグマが溜まっているといわれています。

海嶺の火山活動およびホットスポットでの火山活動も〝マントル型〟の噴火であり、マントル物質が直接吹き出る活動で、地球内部から地球の外部へエネルギーを輸送しようとして起こる、地球が冷えていく過程の現象です。

43 火山噴火による災害は大きく広がる

――生活の痕跡が残らない広域災害

火山噴火は火砕流、溶岩流が発生するとともに、火山弾、火山灰、火山ガスを噴出させ災害の要因となります。また、火山噴火により火山灰が大量に噴出し、堆積し大雨が降れば土石流や泥流が起こります。積雪があれば火山泥流が発生します。火砕流は、高温の火山灰、岩塊、ガス、水蒸気が一体となって山腹を急速に流れ、地形の起伏があっても広範囲に広がります。火砕流が通過しながら森林、家屋を焼き、埋没させ、流下速度は時速数十キロメートルから100キロメートルを超え、温度も数100℃と高温です。破壊力が大きいため、極めて危険です。

火砕流は、広範囲に被害を与えます。建物が壊れ、道路、電気が寸断され、農耕地が破壊され、森林火災も起こります。集落を焼失し、埋没させ、農地は不毛の地となります。

火山灰は、農作物に大きな被害を与え、都市での交通麻痺を起こし、航空機のエンジントラブルを発生させ、コンピュータに打撃を与えるなど広く社会生活に影響をおよぼします。

火山噴火は、観測、監視に基づき噴火可能性が評価され、噴火警報・予報が発表されています。2014年の御岳の多くの犠牲者を出した噴火では、火山性微動が観測されなかったなど予知が十分とはいえない実態でした。災害軽減のために、精度の高い噴火予報が発表されるようにならなければな

噴火災害

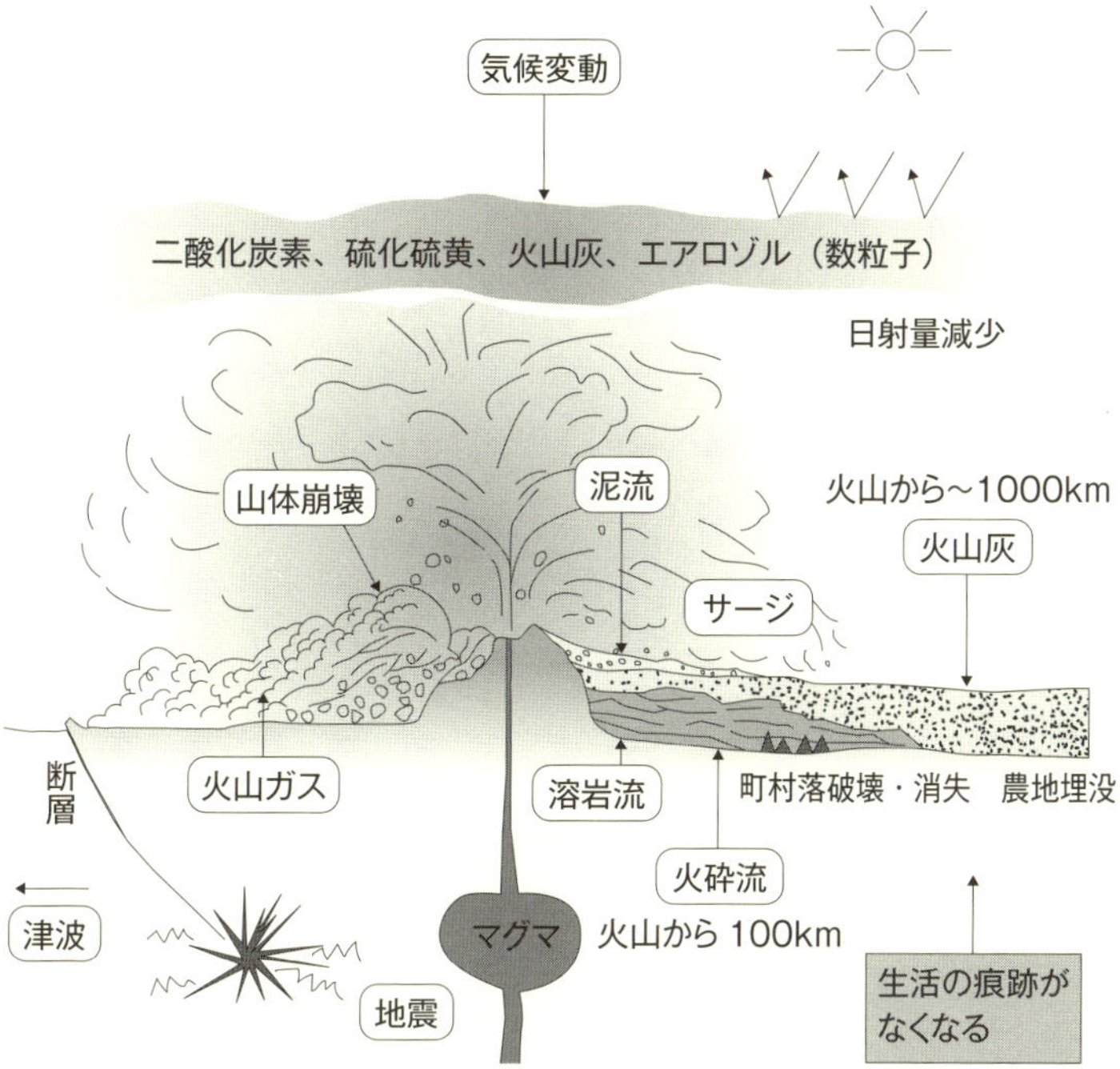

火砕流	火山砕屑物が塊となって斜面を下る。500℃、時速 100 ～ 200km の高速。町、集落破壊・消失。農地・インフラ破壊・消失・埋没
溶岩流	家屋破壊・消失。農地破壊・埋没。森林火災、インフラ破壊
火山灰	広範囲に降下・堆積。数 100m ～ 1000km におよぶ厚さ数 cm ～数 m。都市が火山灰で覆われる、農地が埋れる
山体崩壊	山体が崩壊。斜面に沿い高速で流れ落ちる。集落破壊、地形変形
火砕サージ	高速で流動。乱流到達距離 5km。熱風
火山ガス	大半が水蒸気、二酸化炭素、二酸化硫黄、二酸化硫黄、中毒被害、生物に影響、爆発する場合もある
気候変動	気温降下。異常気象（集中豪雨→洪水）、農作物不作

りません。

破局噴火など超巨大~巨大噴火についての予知は、巨大な災害につながりますから、被害を最小限に食い止めるためには、現状の観測・予知体制では、十分ではありません。

生活の痕跡が残らない広域災害となる天変地異となる破局噴火は十分起こりえます。

地球上で最大と見られている噴火は、最近1000年間においては、1815年 のインドネシアのタンボラ火山です。犠牲者が9万2000人という超巨大噴火です。噴出量は、160立方キロメートルでした。噴火後、世界は異常な気温低下に見舞われ、夏のない年となりました。異常気象の影響は甚大で、多くの国で農作物が壊滅的となり、飢饉や伝染病が多発しました。

西インド諸島、マルティニーク島のプレー山は1902年に大爆発を引き起こしました。高温の火砕流は数分の間に県庁所在地だったサン・ピエール市を全滅させました。1000℃であったと推測される火砕流は、建物を倒壊させ速度は時速約150~200キロメートルで高速です。噴出量0・2立方キロメートルと、爆発指数4で巨大噴火ではありませんが、4万人ほどの犠牲者をだし、火砕流の恐ろしさを示す噴火災害です。

9万年前の阿蘇山の噴火は、破局噴火でした。カルデラ噴火です。日本のカルデラ噴火では、最大級で、噴出量は600立方キロメートル以上に達しました。爆発指数7です。江戸時代の富士山の宝永噴火の1000回分に相当するといわれる規模です。

また、7300年前に屋久島近くの海中で噴火した鬼界カルデラ噴火も破局噴火でした。火砕流に覆われた地域の縄文文化が一度完全に滅び、縄文人の生活の痕跡は、ほとんど残されていません。その後、別の文化をもった縄文人が現れました。

第7章

天変地異から
いかに自分を守るのか

44 地球の恵みの利用と異常気象は表裏一体

人類は、地下資源を利用し、生活や生産活動を豊かにしてきました。利用の種類も量も拡大してきています。地下資源は地球の恵みです。

地下資源は、鉱物、非金属、岩石などたくさんあります。エネルギーをみても石油、石炭、天然ガス、シェールガスなどが大量に利用され、私たちの社会生活を便利にし、快適にしています。鉄も大量に使われ、鉄道、自動車、機械、高層ビル、新幹線などに利用されています。石油や石炭でつくられた電気も銅線で隅から隅まで張りめぐらされた電線で送電され、大量に銅が必要になります。今や世界中が電化をしています。建物や構造物、高速道路にセメントからつくられるコンクリートが使われ、セメントの原料は石灰岩です。また冶金技術が進歩し、様々な金属を取り出せるようになってきました。

すでに第5章で説明しましたが、異常気象の原因は地球温暖化が一因です。二酸化炭素の排出で大量にこれが残留し、集中豪雨、旱魃、強風など異常気象が頻繁に現れるようになってきました。海洋への二酸化炭素の吸収も増大しているため、海の酸性化が始まっています。被害は世界各地で起こっているもののまだ局地的で、地球規模の災害には至っていません。そのためか深刻な状況になってきたにもかかわらず、深刻さは拡大していません。

二酸化炭素の排出は、石油、石炭の大量の利用が大きな要因です。これらから電気をつくり、機械の

地球の恵みと異常気象

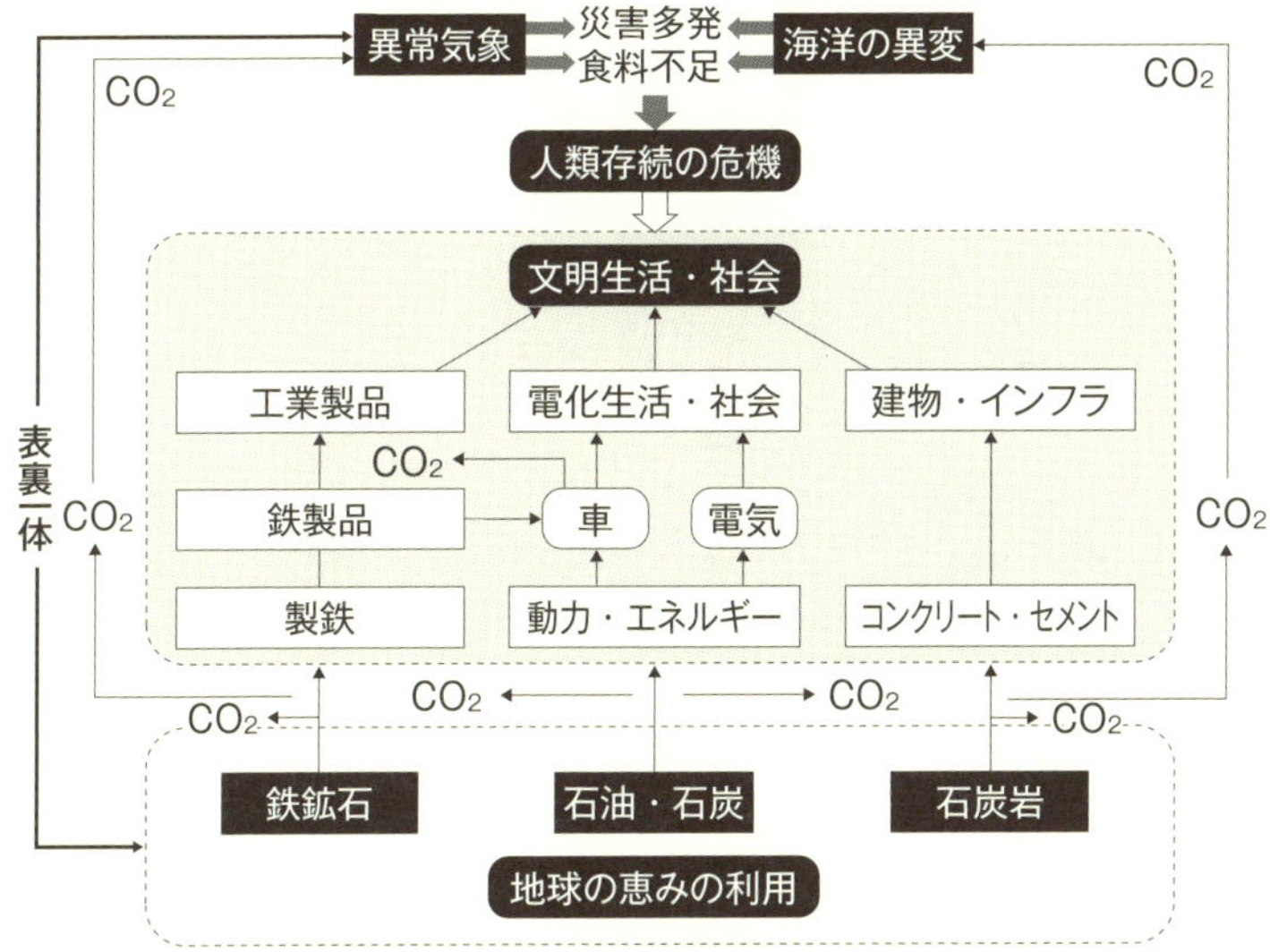

異常気象への対策

CO_2の地中貯留	死海の回復	森林保護	電気自動車
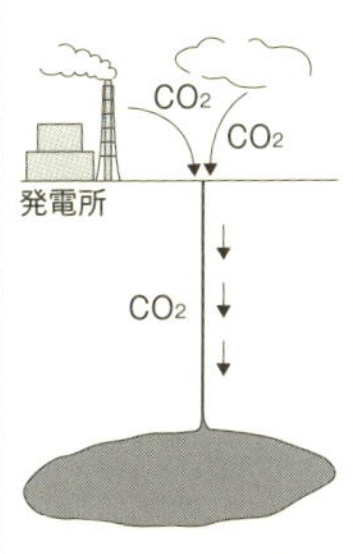			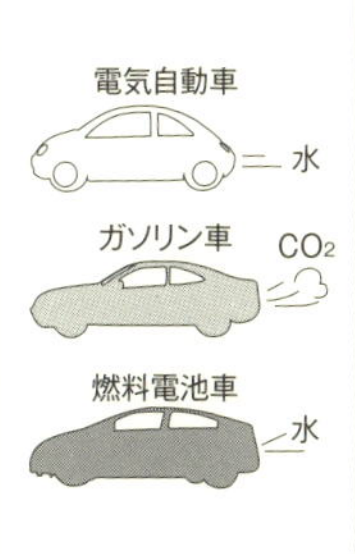
・採掘した石油層など封じ込められる地層は候補 ・火力発電所からの発生CO_2、大気中のCO_2を集めて地中貯留	・酸素不足の海域に鉄（製鉄スラグ）を散布 ・海草とプランクトンが繁殖、光合成でCO_2固定	・森林を増やす ・森林保護を拡大させる ・土壌を再生させる	・ガソリン車、ジーゼル車から電気自動車，燃料電池車にしていく ・水素供給ステーションを増やす ・充電所を増やす

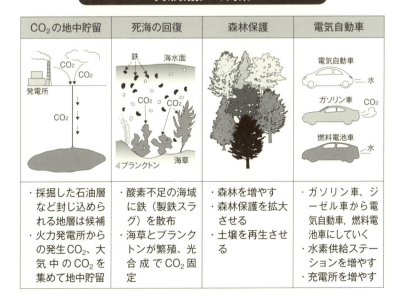

動力にしたり、鉄をつくり、セメントをつくりました。自動車に使用されるガソリンも二酸化炭素の増加に加担しています。電気を輸送するための電線の銅も鉱山から製錬まで見渡せば、各工程で二酸化炭素が排出されています。二酸化炭素を排出しない水素を燃料とする燃料電池車も、車体に鉄が使われ、水素も天然ガスからつくられているので、天然ガスをガス田から採取するときも水素をつくるときも、二酸化炭素が排出されています。水素を電気エネルギーに変換するときに白金の触媒を使用しますが、白金の採掘や製錬に際し、やはり二酸化炭素を排出します。地下資源のすべての生産過程で二酸化炭素が排出されています。エネルギー資源の一つであるウランは原子力発電の原料にしていますが、同様にウラン燃料の生産工程のいたるところで二酸化炭素が排出されています。

二酸化炭素の排出量を削減するためには、私たちが享受している文明社会そのものを見直し、大改革をするか、二酸化炭素を集め、地中に貯蔵するような開発をしなければならないでしょう。

地下資源の利用で、巨大な社会が構築され、経済活動が地球規模で行われ、社会や経済の全貌を見渡すこと自体が不可能になってきました。その結果として温暖化が拡大してきました。異常気象を伴う温暖化は、脅威となってきています。まさに地球の恵みと異常気象は、表裏一体です。

海の酸性化で海産物が獲れなくなってきました。海水面は徐々に上昇しています。旱魃で農産物への影響が懸念されています。集中豪雨が持続すれば、農地も破壊され、食糧不足になります。温暖化の進行は、目に見えるスピードではありません。「大丈夫だろう」と思えば、深刻さや異常さが見えてきません。気がついたときには、天変地異になっているかもしれません。

45 地球は天変地異の大変動時代に入ったのか？

大変動期は１０００年に一度ほどの間隔で起きています。９世紀、平安時代８６９年に発生した貞観（じょうがん）地震は、三陸沖の日本海溝付近の海底を震源域とした甚大な津波被害を伴う巨大地震でした。その前後で８６４年から８６６年にかけ、富士山の大規模な噴火が、８８７年には南海トラフ沿いに仁和南海地震が発生しました。マグニチュード９クラスの地震が起きると、一回では収まらず、連鎖反応を起こします。巨大地震および巨大火山噴火でした。

２０１１年３・11の東日本大地震はマグニチュード９・０で、１９６０年のチリ地震Ｍ９・５、１９６４年のアラスカ地震Ｍ９・２、２００４年のインドネシア・スマトラ沖地震Ｍ９・１に次いで、観測史上世界４番目の規模です。２０１１年３・11の東日本大地震を引き金として、地震、火山噴火が多発しています。

２０１４年、２０１５年には日本列島を横断するフォッサマグナの西縁にあたる糸魚川ー静岡構造線の長野県北部で最大震度６弱、マグニチュード６・７の直下型地震が発生しました。また御嶽山、阿蘇山が噴火しました。西之島では海底火山が噴火しています。さらに箱根山、浅間山、草津白根山、焼岳、乗鞍岳、蔵王山などが噴火の兆候、火山性地震、小規模の地震が急増しています。

世界においても２００４年にスマトラ沖大地震が

世界で発生した地震の回数と大変動時代

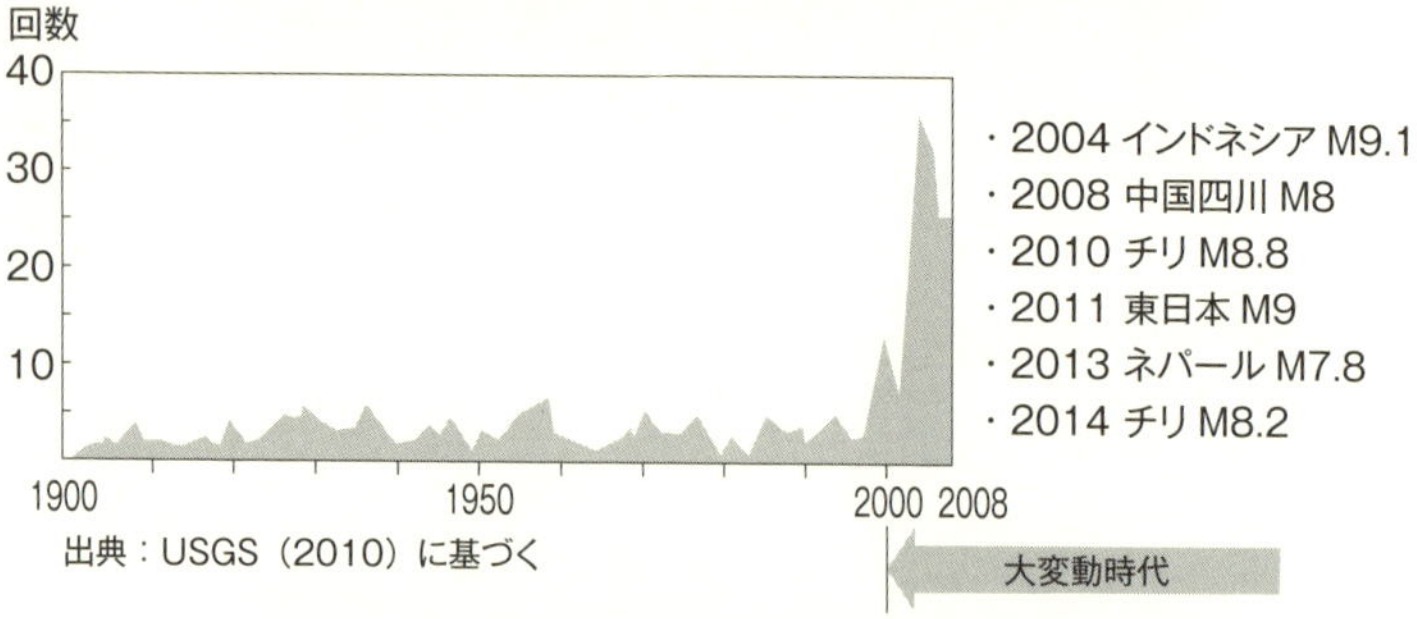

出典：USGS（2010）に基づく

世界と日本の年平均地震の回数

マグニチュード区分	世界	日本
M8以上	1	0.1
M6 ～ M7.9	149	19
M4 ～ 5.9	14319	1018

大変動時代と天変地異

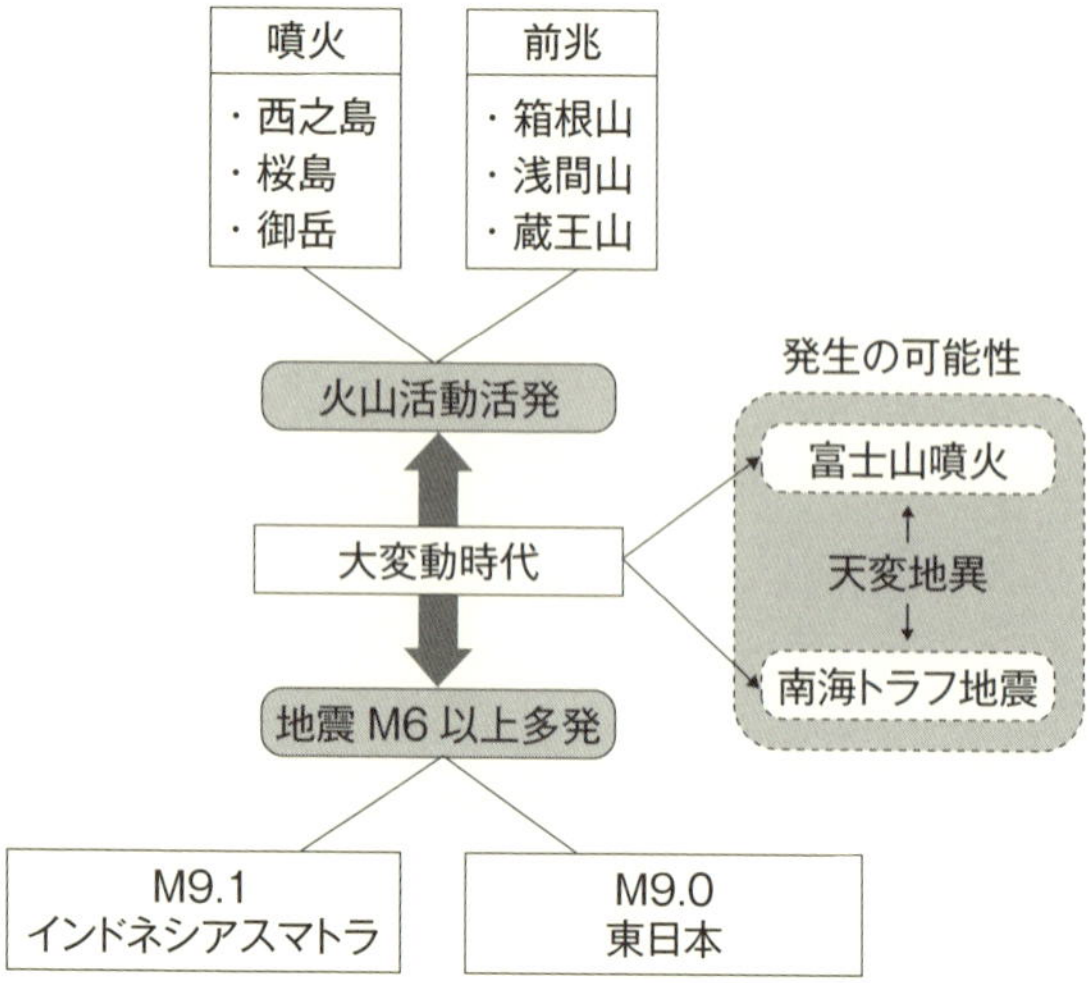

発生しＭ９・１で津波（30メートル超）が発生しました。２００８年にはＭ８の四川大地震、２０１０年にはチリ中部大地震、Ｍ８・８で津波（20メートル超）を観測しました。２０１１年には東日本大震災でＭ９津波40メートルの高さでした。２０１４年にはＭ８・２のチリ沿岸北部で地震が発生しました。このほか、２０１３年にＭ７・８のネパール中央部で地震、カトマンズ西部でＭ７・７の地震が起こっています。

日本では、海洋プレートがもぐり込んで地震、噴火を起こしています。東日本大震災において、東北地方は５メートル東へ移動し、関東地方では50センチメートル移動しました。移動距離の差が10倍になりますが、この差が地表とプレートの大きな歪みとなっているので、歪みの調整が地震となります。そのためＭ８以上の直下型巨大地震の可能性があります。宝永大噴火以来約３００年間噴火していない富士山では河口湖の水位異常や地表温度の変化など異常な現象が起きていて、富士山の大噴火が予想されています。長さ７００キロメートルにわたり東海地震・東南海地震・南海地震の震源域となっている南海トラフ地震の可能性が高くなっています。

これまでマグニチュード９の巨大地震が発生した場合、巨大火山噴火も発生しています。これは巨大地震が地殻変動を刺激するからだといわれています。地球の変動は歴史的に見ても周期的に起きているといわれています。21世紀に入り地球が大変動期に入ったと思える地震が多発、天変地異がいつ起こっても不思議ではない時代となっています。

日本では、常時観測火山として監視体制を整え、地震観測も強化していますが、まだ予知能力は十分とはいえません。さらに53基の原子力発電所と使用済み燃料棒が存在していますので、大異変が起これば、極めて深刻な事態になる可能性があります。

46 地球システムに逆行する原子力の利用

ウランやプルトニウムなどの元素が核分裂反応を起こせば，莫大なエネルギーが出ます。

現在原子力発電に使用されている燃料の自然界のウランは、ウラン235が、僅か0・72％で、ウランの99・25％は ウラン238で，核分裂反応を起こしにくいウランです。原子炉では効率的な発電のために、ウラン235を濃縮させ3～4％にします。核分裂する元素は、自分で放射線を出し壊変して別の元素に変化します。半分が壊変する時間を半減期 といいます。

原子力発電で、人工放射性核種が発生します。自然界にないため、生物にダメージを与えます。原子力発電の最大の問題となっています。

原子力発電は、天然にも存在していました。ただし、大昔の20億年前の出来事です。アフリカのガボン共和国のオクロ鉱床から産出されたウラン鉱石による自然界が生み出した原子炉であると判断され「オクロの天然原子炉」といわれています。現在の原子力発電の炉で起こっていることが、この天然原子炉で30万年間という長期間、自律的な核分裂反応が自然状態で起こっていました。自然の核分裂反応のあった場所が16箇所見つかっています。砂岩層にレンズ状に高品位ウラン鉱床が存在し、ウランが十分に濃縮された鉱床を形成していた、と考えられています。

オクロの天然原子炉で生産されたエネルギーは

地球システムに逆行する原子力の利用

・地球システムは、熱の放出によって歯車のように動いている
・自然現象による核分裂（自然原子炉）は 20 億年前終っている
・原子力発電は、20 億年前の自然原子炉のしくみと同じ
・地球システムが動きながら熱が放出されている
・現在の原子炉は熱をつくり出している ― 爆発すれば放射能汚染拡大。隔離が必要

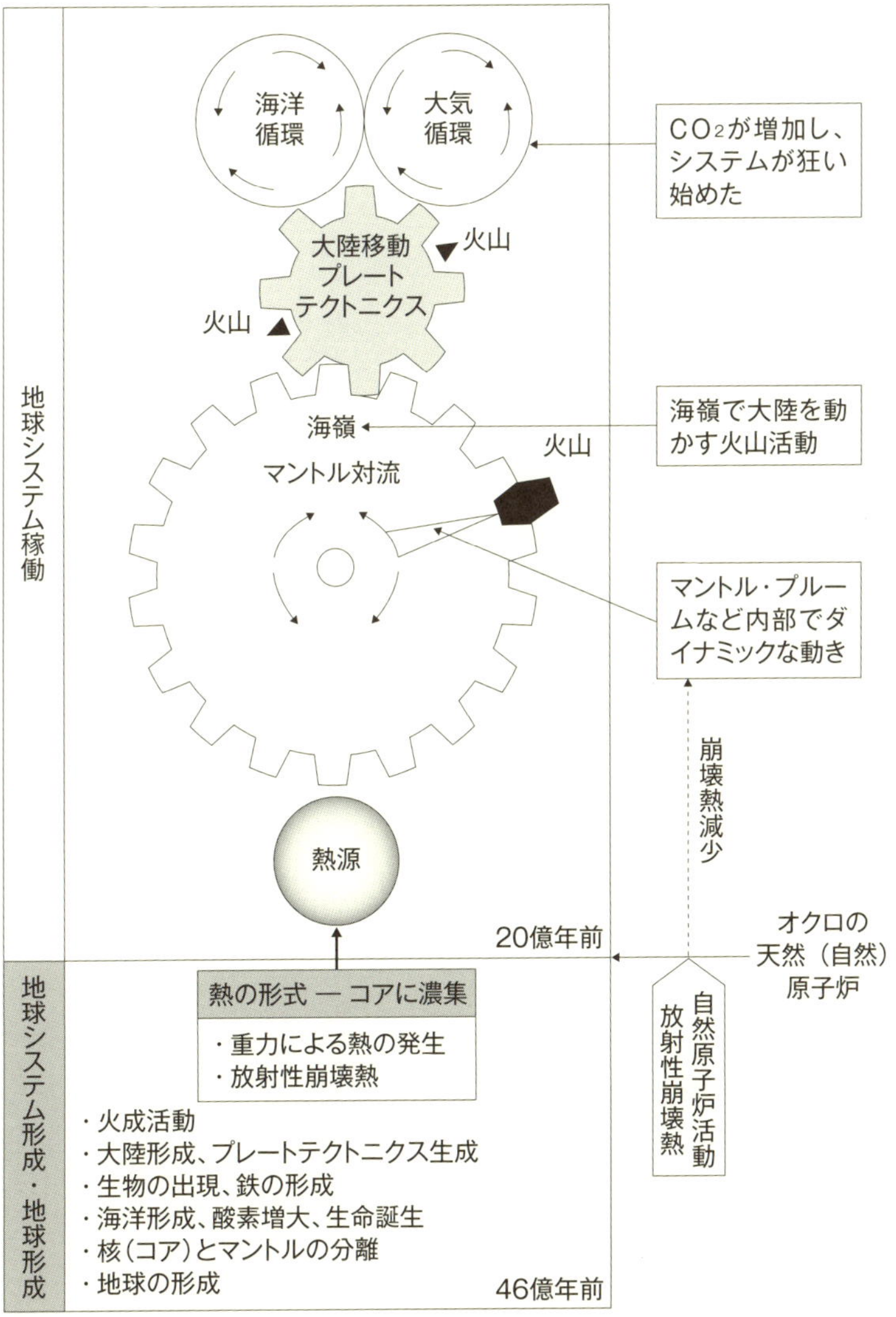

100キロワットと推定され、1基100万キロワットがふつうの原子力発電所の10分の1ほどのエネルギーです。100キロワット規模でのエネルギーを長期間、安定的に排出していました。

ふつうの原子炉では、中性子減速材に軽水（普通の水）を使う軽水炉が普及し、水を冷却剤として使います。オクロの天然原子炉も、水を減速材として用いた「軽水炉」と同じように機能していました。オクロの天然原子炉の軽水炉メカニズムは、ウラン鉱床に地下水が染みこんで核分裂反応が起こり、核反応の熱で地下水が蒸発すると、反応が停止します。ウラン鉱床の温度が低くなると再び地下水が流入して核分裂反応が起こる、というサイクルを繰り返しました。

原子力発電事業は、使用済み燃料の危険な放射性廃棄物を地中深くに一万年以上にわたり、安全に保管しなくてはなりません。安全な処分場所、方法はまだ見つかっていません。放射性廃棄物も溜まったままです。

自然界にあるふつうの原子は、勝手に放射線を出して他の原子に変わることはありません。原子力発電は、無理に人工的に核反応を起こしているわけです。隔離して発電がおこなわれています。福島の原発事故で放射能の恐ろしさを、身をもって体験していますが、人類は放射能汚染、飛散、拡散を食い止め、放射能を無害化する技術は持ち合わせていません。原子力発電によって様々な人工放射性核種が発生しますが、「人工放射性核種」への防御はできません。通常の栄養素と同様に体内に滞留し、濃縮するため、たいへん危険です。

Column

火山エネルギーの利用

火山は地球の中心からの熱の出口です。火山は膨大なエネルギーを大気に放出しています。たくさんある温泉も火山源が大半です。

宮沢賢治（1896-1933）の童話『グスコーブドリの伝記』（筑摩書房『宮沢賢治全集』第13巻）は、火山の噴火を利用し、冷害からの飢饉をなくす物語です。イーハトーブの森に暮らすきこりの息子、グスコーブドリは、イーハトーブ火山局の技師となり、イーハトーブの深刻な冷害をボーリングで火山に穴をあけ、人工的に火山を爆発させました。大量の炭酸ガスを放出させ、その温室効果から町を暖め、冷害を食い止めました。

炭酸ガスを放出させれば、地球温暖化を加速する、と今なら批判の的になりますが、宮沢賢治の生きた時代は、工業化拡大という時代でした。苦境にあえぐ東北地方は、農業の不作にたびたび見舞われました。「火山に穴をあけ、炭酸ガスを取り出し、気候を温めよう」という賢治の発想は驚きです。また火山噴火も食い止めるグスコードブリですが、噴火災害を防止できる一番効果的な方法です。しかし、噴火のコントロールのためには、まだまだ科学技術研究が必要です。

火山のエネルギーは地熱発電で利用され、再生可能エネルギーとして注目されていますが、まだ日本の総発電量のわずか0.3%に過ぎません。地熱資源に恵まれているにもかかわらず、安定供給の難しさ、自然公園法での規制などで開発は停滞しています。

マグマ溜まりへのボーリングを利用して、「マグマ発電」の研究開発がアイスランド始まっています。日本での潜在資源量は6000万メガワットです。日本の全電力需要の３倍近くを賄えるだろうと予想されています。実現すればクリーンで巨大なエネルギーとなります。

47 天変地異と人類の生活圏の拡大と限界

世界の人口が増大し続けています。西暦元年に世界中で2億人でした。1000年には3億人になり、1800年では10億人に達しました。産業革命後1900年に20億人で人口が幾何級数的に増えていきます。1999年に60億人、2011年に70億人を超えました。2050年には90億人を超えると予想されており、1年で7000万人が増加しています。急激な人口増加が続いています。

ローマクラブの『成長の限界』（1972年）によれば「人口増加や環境汚染など現在の傾向が続けば、100年以内に地球上の成長は限界に達する」と警告しました。

15世紀半ばから17世紀中まで続く大航海時代に欧州の探検家達、クリストファー・コロンブス、ヴァスコ・ダ・ガマなどが未知の土地や航路開拓を求めて世界に出ていきました。軍事・植民地支配、商業や宗教の拡大が目的でした。すでに先住民の社会生活の土地でしたが、略奪、虐殺により土地を奪い、アフリカ、アメリカ大陸を欧州化しながら自分たちの社会を拡大していきました。

メイフラワー号で、1620年に乗客102名が北米大陸に上陸しました。英国人を主体とする欧州人でした。欧州人はインディアンの土地を奪い、虐殺し、北米を侵略し、征服し、欧州化した社会が広がり、米国として独立しました。植民地化，征服は引き続き行われ、欧州化した社会が築かれてきまし

生活圏の拡大の限界

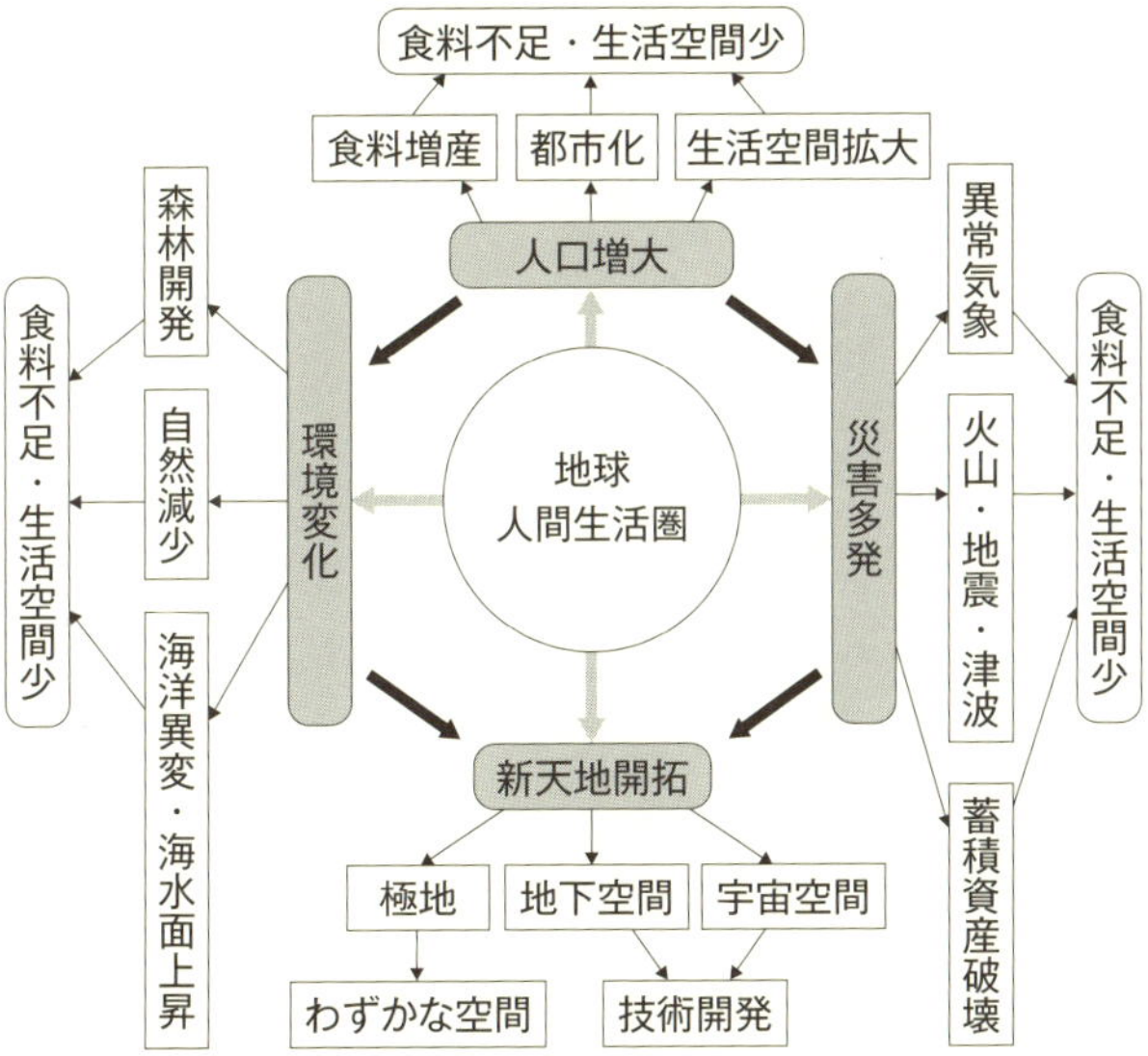

た。

ロシアも南下しながら領土を広げ、欧米との戦争、欧米間での戦争が起こり、資源の奪い合いが行われ、都市化が進み、欧米社会は拡大し、世界には28の人口1000万人以上の巨大都市（メガシティ）が存在し、今後も増えると予測されています。

新天地が狭まり、高層化が進み、山林、森林も伐採され、生活圏にしてきましたが、環境汚染が広がってきました。人類の住む土地も減少し、人類の生活圏の拡大が限界に近づいているようです。

地球温暖化が急速に進行しています。海水面の上昇もじわじわとやってきます。地震、火山噴火も大変動期のなかで、天変地異がいつ発生してもいい時代です。

人類がいつ破滅するのか、予想がつかない恐ろしい時代になってきました。

48 人類の営みによる地球システムへの影響

これまで説明してきたように、地球は、気圏、水圏、地圏から構成され、地球システムをつくっています。地球システムは、地球中心のコアから宇宙に放出される熱で動いています。

人類はこのシステムの中で人間社会をつくっていますが、人類の営みによって温暖化が促進されています。産業革命以後250年以上にわたって二酸化炭素を排出し、化石燃料の利用で、大量な二酸化炭素を排出し、かつ70億人を超える人口で、社会経済活動が地球規模になり、温暖化の進行が早まり、気圏の気候システムを狂わしています。これ以上狂わさないように二酸化炭素の排出量を大幅に削減しなければならないところまで追い込まれています。

この気圏の気候システムへの影響が、水圏の海洋システムに影響を与えています。海の酸性化や酸欠ゾーンの拡大で、海洋の生態系が狂い始め、絶滅種が増加しています。水温上昇、海の汚染、有害化学物質や重金属の体内蓄積、さらに廃棄されたプラスチックの粒子など、海はいろいろな物質を溶かし、海流によって運ばれ、生物に捕食され、海洋生物全体が生存の危機にさらされています。生物圏を含めて海洋システムも狂い始めています。

気圏、水圏、地圏（岩石圏）はつながっており、相互作用があり、物質の移動、交換が行われていますが、人類の営みによる地圏のシステムへの影響は、顕在化していません。しかし、地圏表層部へ

人類の営みによる地球システムへの影響

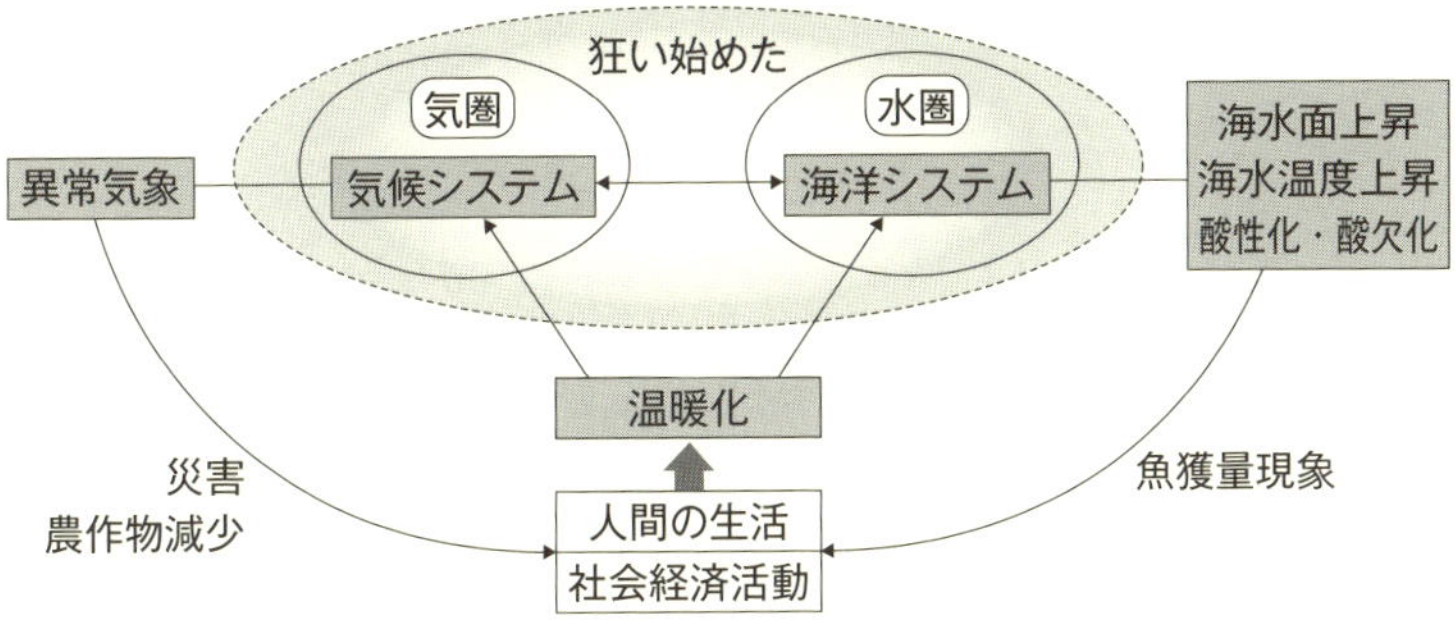

地圏への影響

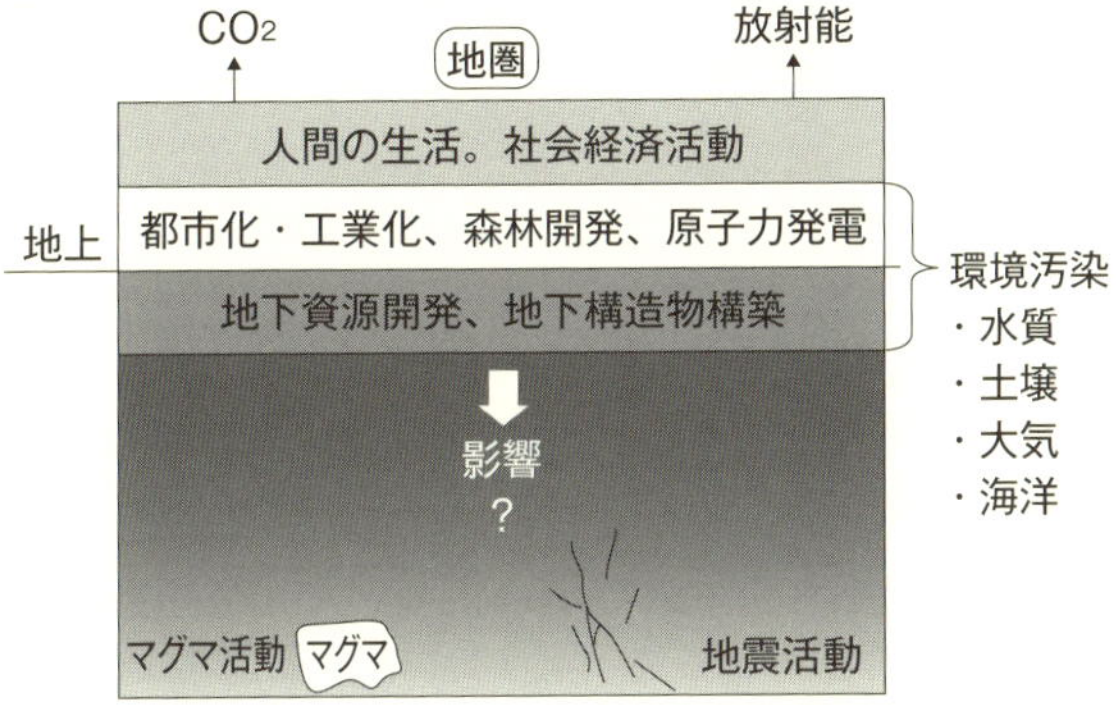

原子力発電からの影響

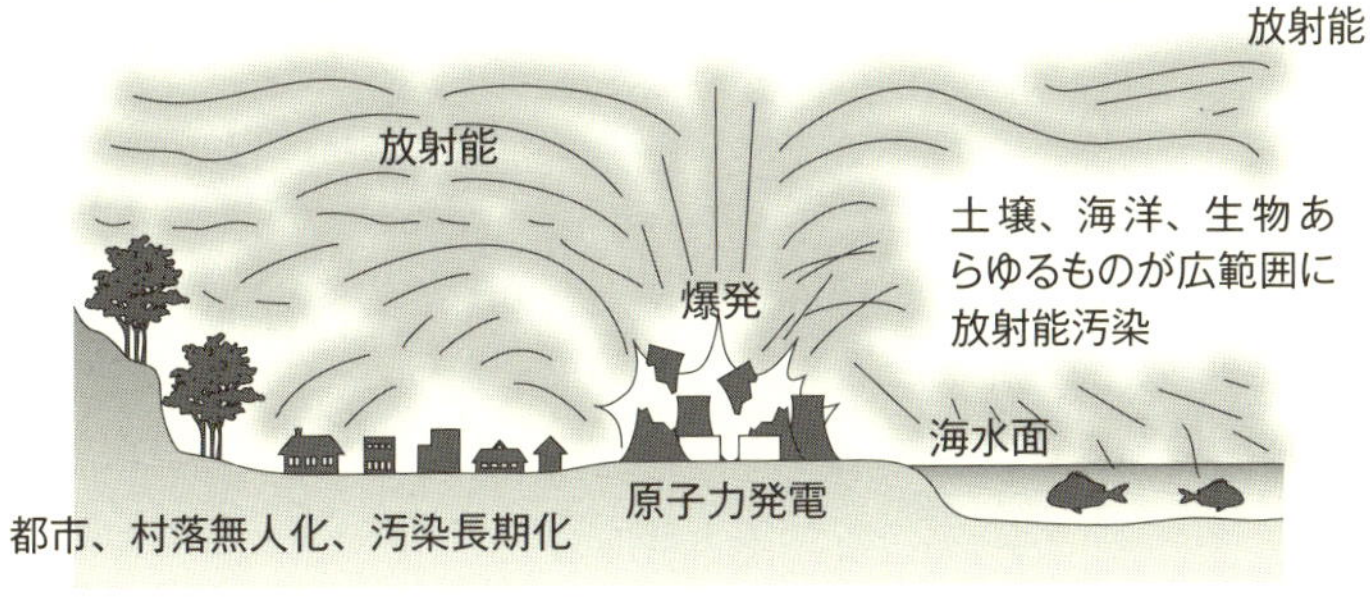

は、温暖化の影響が出ています。温暖化による異常気象の豪雨や旱魃は、農作物が不作になったり、土砂崩れが起こったりしていますが、目に見えるような地圏のシステム自体の影響ではありません。人間の時間的なスケールでみれば、地圏のシステムがたいへんゆっくりとした動きのせいで顕在化していないのかもしれません。また火山噴火も、地震も、人類はコントロールはできません。

地球がもたらす大きな恵みである鉱物およびエネルギーなど地下資源は、社会経済活動に多大な貢献をしています。しかし、石油・石炭は温暖化の主因となっていますが、採掘後の地下の変動や鉱物資源の採掘後の空洞の崩壊などが、地震を誘発したり、マグマの噴火を刺激したりするのかどうか、まだわかりません。人間の地下資源の開発と生産活動が水の循環、生態系に影響を与えていますが、マクロシステムである地殻の変動には影響を与えていませ

ん。

人類の営みによる地球システムへの影響は、気圏、水圏と地圏の極表層への影響であり、人類の存続にかかわる深刻な問題です。システムの再生や回復には相当時間がかかります。２５０年で二酸化炭素の蓄積がなされ、気候変動が目に見えるように変化が起きていますが、二酸化炭素の大気への蓄積残留だけでなく、植物の二酸化炭素の貯蔵システムや植物を育てる土壌の破壊も簡単には回復しません。さらに原子力発電所の原子炉が破壊されたり、爆発すれば、回復は永遠といえるほどの時間がかかります。

自然のシステムを理解し、人間の営みを動かす様々なシステムを自然のシステムと調和させていくようにしなければなりません。

Column

海の異変と海水面の上昇

海に異変が起きています。世界中で起こっています。日本では日本海など周辺海域で、過去100年の間に0.7℃～1.7℃の水温が上昇していると気象庁によって報告されています。本州からその南でよく獲れるブリは、北海道の海で大量に水揚げされ、2011年頃から増大しています。北海道で大量に取れていたサケやホッケは、同じ時期から漁獲量が激減し、3分の1以下になりました。夏から秋にかけての水温が最大で4℃も上がっているためです。ブリは水温23℃が限界といわれており、魚は生息に適した水温があり、水温の変化で、生息域が変わってきました。水温が1℃上昇すれば魚に大きな影響を与えます。温暖化の影響で水温が上昇しています。

一方、南米各地では、イルカやウミガメの大量死などが異常に増えています。フロリダ半島の先端の海岸にゴンドウクジラの死体が漂着し、増え続けています。北海では、海水が以前より温かくなり、これまで取れなかったタコ、イカ、スズキがたくさん獲れるようになりました。日本と同様、水温上昇による魚の分布の変化です。これが地球規模で起こっています。

また、地球温暖化に伴う海面上昇は、陸上の氷河や氷床の融解が原因とされています。グリーンランドにある雪の堆積面積は2012年からで約20%も減りました。棚氷の流失、永久凍土の融解、氷河の後退など各地で異常が表れています。

NASAの科学者は「1992年以降に世界の海面水位が平均8センチメートル上昇」と2015年8月に発表しました。米国の海洋大気庁（NOAA）は「1992年以降年間2000億トンほどの氷が解け、2100年までに海面が最大で2メートル上昇する可能性がある」と発表しました。人類は地球環境を変えてしまいました。

49 大異変となる火山爆発、津波、気候変動、隕石衝突はつながっている

火山爆発が起これば、その前後で地震が発生します。地震によって津波が起こります。火山の噴火によって火山ガスが排出され、気候変動につながります。火山の噴火と関係しない地震の場合も津波が起こります。地震と気候は関係しません。しかし、地震によって火山噴火を刺激し、火山活動が起これば、気候変動にもつながります。隕石が衝突すれば、地震が発生し、津波も起こります。火山の噴火を誘発する可能性もあります。隕石の大きさにもよりますが、火山の噴火と同じように大爆発のような衝撃によって、クレーターをつくり、爆発を伴い、森林を焼き、空中に飛んだ破片や土壌や岩石が粉砕されて飛散した物質が、大気中に舞い上がり、これが降り積もって、地表の広い範囲に新たな地層が形成されます。粉塵は大気に長期間漂い、気候変動に影響を与えます。

火山噴火や地震は、隕石衝突と関係しませんが、衝突後はこれらと同じ現象が起こります。したがって、大異変となる火山爆発、津波、気候変動、隕石衝突は、お互いに関係するため、相乗し、大災害や天変地異を引き起こすことになります。

これらの中で、気候変動による温暖化が起こす気象異変は、人為的な原因が主体ともいえます。気候変動以外は、「衝撃」で引き起こります。火山噴火も、地震も、津波も、隕石衝突も一瞬の「衝撃」で世界は変わってしまいます。また津波も火砕流も時

隕石衝突と火山爆発

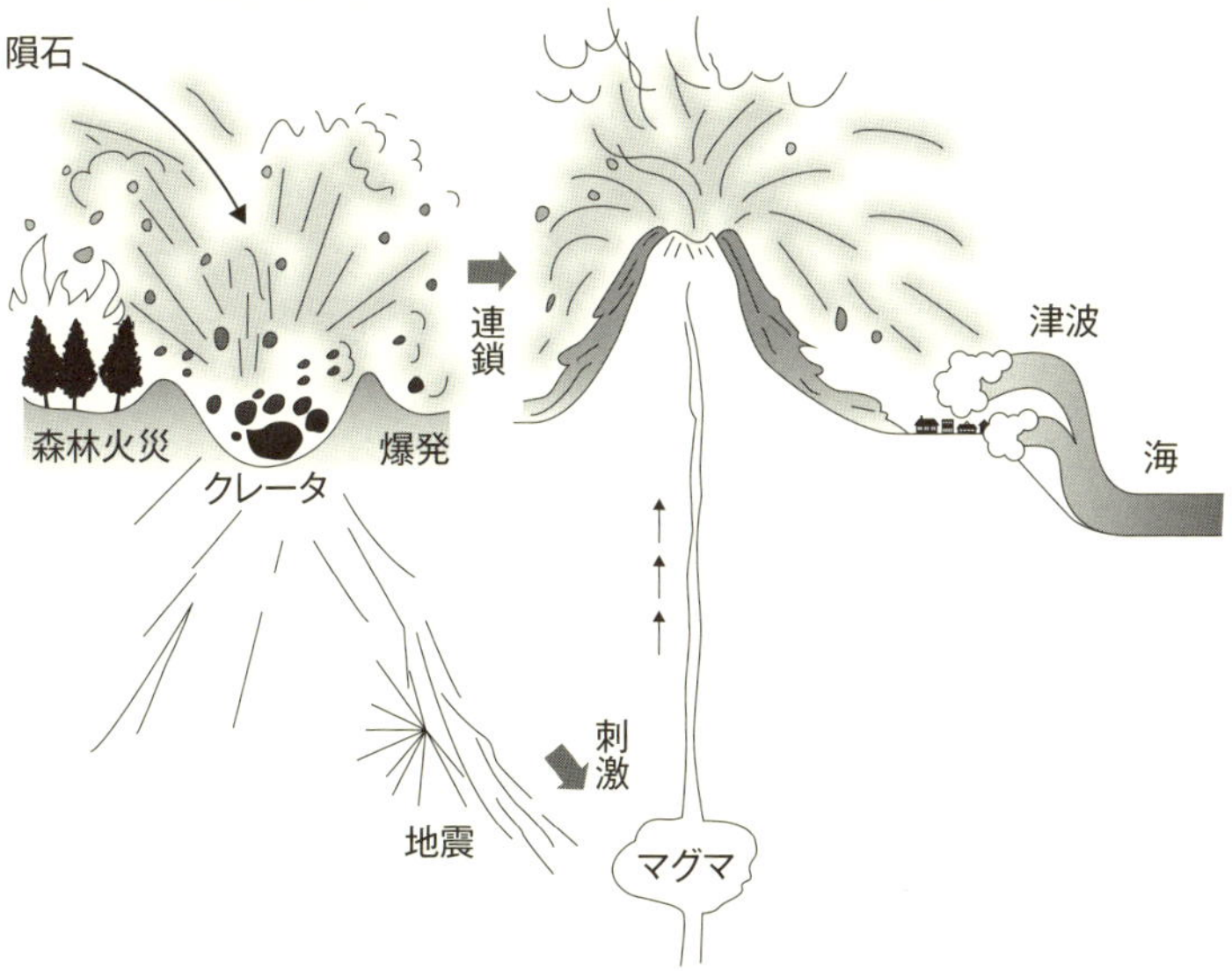

天変地異につながる巨大災害の可能性

巨大災害		場所・規模
気象災害	気候変動による異常気象	・全国どこでも発生 ・集中豪雨、台風、旱魃など ・洪水、河川氾濫、土砂崩れが発生
噴火災害	地殻大変動期	・阿蘇・鬼界《きかい》、カルデラ、破局噴火、九州一円、中国・四国・関西におよぶ
		・富士山。巨大噴火、南海トラフ地震に関係
地震災害	地殻大変動期	・南海トラフ地震。東日本大震災規模M9 四国、関西、中部地域におよぶM7.8
		・南関東直下型・南海トラフ地震に連動
津波災害	巨大地震、火山噴火から発生	・南海トラフ地震との関係。四国、関西、中部 ・南関東直下型。伊豆～湘南におよぶ

速1００キロメートル以上というスピードで異変が拡大していきます。複合災害で破壊が進んでいくのです。

天変地異の発生は、私たちの感じ取ることができる時間の長さでの発生頻度ではありません。地質時代の中では、頻繁に起こっています。人類を破滅させるような大異変も地質時代においてはたびたび起こっています。惑星や隕石の衝突も、月面に無数のクレーターが見られますが、地球も同様にたくさんのクレーターがあったようです。しかし、大気の影響や水の作用で、風化し、削剥され、クレーターの多くは存在自体が確認できなくなってしまっています。地形からクレーターではないか、と推測されているところは、少なくありません。隕石の落下で生じた大きな穴はカナダに多数発見されています。クリルオーター湖は2つの円形のクレーターです。直径は20キロメートルと、30キロメートルです。衝突起源であると証明されています。このほかマニクアガン・クレーターは直径65キロメートルで、世界最大のニッケルの産出地のサドバリーのニッケル鉱山は、縦60キロメートル、横27キロメートルで17億年前の鉄―ニッケル隕石が衝突したのではないか、と推定されています。

デカン高原のようなプルーム現象が起これば溶岩が洪水のように流れ玄武岩大地を形成していきます。数万年間にもわたって噴火が続きますが、想像ができないほどの規模と時間です。

大異変は、天変地異ですが、異変が異変を引き起こし、広範な範囲が破壊され、人類存亡も現実となります。さらに原子力発電所の爆発や核爆弾が落とされたりすれば、爆発地だけでなく、放射能汚染は地球全体を覆います。生活する場がなくなっていきます。天変地異は、システムが壊れる現象ですが、つながっています。人類の起こす異変も脅威です。

50 天変地異からあなたは身を守れるか

天地異変は、昔のように神話や宗教の世界ではありません。科学によって地球のシステムが解明されるようになり、天変地異の原因が科学的にわかってきました。また、各異変どうしも、ほとんどがつながりをもち、異変の連鎖となっていきます。

災害に備えた対策は、年々改善・拡大していきます。津波や洪水を食い止めるため、防波堤や堤防を嵩上げしています。噴火への警戒も注意報が出され、避難も場所やルートを定め、災害に巻き込まれないように対策が取られています。防災への関心も高まってきています。しかし、災害は発生し、犠牲者も減ってきているわけではありません。東日本大地震においても、大災害となりました。津波に町が飲み込まれ、避難さえ十分にできませんでした。同じような大津波を経験した地域にもかかわらず、過去の経験は生かされていません。

天変地異から身を守れるのか？誰しもが不安になります。科学的な研究を土台に、精度を高めた予知がなされれば、被害を食い止めることができます。しかし、火山噴火も地震も事前に予知できる力はまだありません。目前に迫った地震警報や噴火警報や洪水警報では、避難することが精いっぱいです。１週間前、あるいは１か月前に予知があれば、異変への対応が可能ですが、現状では天変地異の大異変に対して無防備ともいえる状況です。火山噴火も大量の火砕流を伴う噴火であれば、避難した場所自体が

天変地異から身を守れるか

対策の現状	
気象災害	堤防の嵩上げ、化石燃料の使用量削減、観測網整備
噴火災害	監視・観測体制強化・組織化
地震災害	地震計置設増加、ネットワーク化
津波災害	防潮堤・防波堤設置、嵩上げ

↓

災害は減っていない

↓

予知の力は不十分（まだ精度低い）

↓

将来：観測機器開発 → 正確な予知（場所、時間特定）

現状：身を守ること困難　唯一の方法は避難

危険に曝されることも考えられます。地震も直下型でＭ９クラスであれば、都会はビルの倒壊、新幹線や高速道路の崩壊で大惨事になるでしょう。津波も平野の内陸部に侵入します。東日本大震災では内陸に５キロメートル侵入しましたが、津波が起こってからでは、避難が間に合わないかもしれません。堤防も家屋もビルも東日本大震災と同じような津波で破壊されます。

隕石、小惑星の衝突も、衝突日は予知されますが、場所、時刻がわかりませんから身を守ることは困難です。温暖化による集中豪雨に見舞われても土砂崩れ、洪水など予測できないことが連動して引き起こります。日本のような変動帯にあり、なおかつ変動期にはいっており、まだ噴火や地震や隕石衝突の予知ができない現状において、天変地異が起こることを常に頭の隅において準備しておくことが大切です。

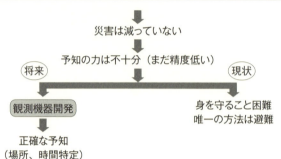

【参考資料】

●『天体の回転について』コペルニクス　１９８５年10月　岩波文庫

●『コペルニクス革命』トーマス・クーン２０１０年12月講談社学術文庫

●『地球システムの崩壊』松井孝典２００７年８月新潮選書

●『地球システムを科学する』伊勢武史２０１３年１２月ベレ出版

●『天変地異がまるごとわかる本』地球科学研究倶楽部編２０１３年８月学研

●『生命と地球の歴史』丸山茂徳・磯崎行雄１９９８年１月岩波新書

●『地球の中心で何が起こっているのか』巽好幸２０１１年７月幻冬舎新書

●『おもしろサイエンス地層の科学』西川有司２０１５年３月日刊工業新聞社

●『地底』デイビット・ホワイトハウス２０１６年１月築地書館

●『大異変―地球の謎をさぐる』Ａ・レザーノフ１９７３年３月講談社現代新書

●『異常気象と地球温暖化』鬼頭昭雄２０１５年３月岩波新書

●『学んでみると気候学はおもしろい』日下博幸２０１３年８月ベレ出版

●『火山のしくみと超巨大噴火の脅威』ニュートン別冊２０１６年３月株式会社ニュートンプレス

●『震災列島』石黒耀２０１０年１月講談社文庫

●『海洋大異変』山本智之２０１５年12月朝日新聞出版

●『大隕石―衝突の現実』日本スペースガード協会著２０１３年４月株式会社ニュートンプレス

●『南海トラフ地震』山岡耕春２０１６年１月岩波新書

●著者略歴

西川有司（にしかわ　ゆうじ）

1975年早稲田大学大学院資源工学修士課程修了。1975年~2012年三井金属鉱業(株)、三井金属資源開発(株)、日本メタル経済研究所。主に資源探査・開発・評価、研究などに従事。
現在　放送大学非常勤講師、国際資源大学校講師、EBRD（欧州復興開発銀行）EGP顧問
著書は、トコトンやさしいレアアースの本（共著、2012）日刊工業新聞社、トリウム溶融塩炉で野菜工場をつくる（共著、2012）雅粒社、資源循環革命（2013）ビーケーシー、資源は誰のものか（2014）朝陽会、おもしろサイエンス地下資源の科学（2014）日刊工業新聞社、おもしろサイエンス地層の科学（2015）日刊工業新聞社ほか、地質、資源関係論文・記事多数国内、海外で出版。

NDC 519.9

おもしろサイエンス**天変地異の科学**

2016年5月30日　初版1刷発行　　定価はカバーに表示してあります。

©著　者	西川　有司	
発行者	井水　治博	
発行所	日刊工業新聞社	〒103-8548 東京都中央区日本橋小網町14番1号
	書籍編集部	電話 03-5644-7490
	販売・管理部	電話 03-5644-7410　FAX 03-5644-7400
	URL	http://pub.nikkan.co.jp/
	e-mail	info@media.nikkan.co.jp

印刷・製本　ワイズファクトリー

2016 Printed in Japan　落丁・乱丁本はお取り替えいたします。
ISBN　978-4-526-07570-4